AIのインフラ分野への応用

地盤・水工・構造・交通計画・
施工分野へのAI応用の勘所が分かる

著：古田　均

野村泰稔

広兼道幸

一言正之

小田和広

秋山孝正

宇津木慎司

電気書院

まえがき

　いま巷には AI なるものが流行りけり，AI なくして夜も明けず，という状態であり，AI ブームが過熱している．今回の AI ブームの特徴は，その応用が技術分野だけでなく，あらゆる分野に及んでいるところである．最近のテレビ CM では，愛をローマ字で書くと AI であり，愛と AI は近い関係にあるというものまで出てくる始末である．もちろん，この AI ブームの背景には，コンピュータの進歩，解析手法の発展があるが，社会要因として少子高齢化による働き手不足がある．そして，各業務の多様化，専門化，技術の進歩のスピード化等により，従来のオンザジョブトレーニング等による技術の継承が十分に行えないという社会の変化がある．

　本書では，AI とは何か，いまなぜ AI なのか，AI の基礎とは何か，という基本的な疑問に答えることも目的の一つとしているが，主として AI の技術的な側面に焦点を当て，インフラ分野で AI がどのような形で応用可能かについて紹介することを主目的としている．そして，ICT 技術等の進歩の速さを考慮して，そして今後の可能性を期待して，いまだ確立されていない技術をも紹介している．また，AI 技術の進歩を考え，できるだけ早く本書を世に出したいと考えた．そのため，成書としての体裁等の統一性にかけるところがあることは否めず，また十分練れていないところもあると思われるが，本書の意図をご理解いただきご容赦いただくことをお願いする．本書が，AI のインフラ分野での応用のさらなる可能性を開く一助となれば望外の喜びである．

　最後に，本書上梓に当たり，ご尽力いただいた電気書院田中久米四郎会長，近藤知之氏に感謝する次第である．

2019 年 5 月吉日
著者を代表して　　　古田　均

目　　次

1章　はじめに ……………………………………………………………… *1*

2章　AI の基礎 …………………………………………………………… *4*

2.1　AI の歴史 ……………………………………………………………… *4*
2.2　AI の定義と分類 ……………………………………………………… *5*
2.3　AI の手法 ……………………………………………………………… *6*
　2.3.1　ファジィ制御を用いた橋梁の振動制御 …………………………… *9*
　2.3.2　ファジィ満足化手法を用いた斜張橋のケーブル張力調整 ……… *11*
　2.3.3　多目的遺伝的アルゴリズムを用いた橋梁補修計画策定システム … *13*
　2.3.4　ドローンと深層学習を用いた損傷度解析の例 ………………… *15*

3章　深層学習の基礎 …………………………………………………… *22*

3.1　深層学習 ………………………………………………………………… *22*
3.2　ニューラルネットワーク ……………………………………………… *23*
3.3　畳み込みニューラルネットワーク …………………………………… *26*
3.4　深層学習を用いた一般物体検出技術 ………………………………… *30*
　3.4.1　推論手順 ………………………………………………………… *31*
　3.4.2　深層畳み込みニューラルネットワークの構造と学習 ………… *32*
　3.4.3　YOLOv2 …………………………………………………………… *33*
　3.4.4　YOLO 用の教師データの作成 ………………………………… *34*
3.5　深層生成モデル ………………………………………………………… *34*

4章　AI の応用の現状 …………………………………………………… *38*

4.1　AI の種々の分野への応用 …………………………………………… *38*
4.2　AI のインフラ分野への応用 ………………………………………… *39*

5章　構造分野への応用 …………………………………………………… *41*

5.1　高力ボルトの打音診断への応用 ……………………………………… *41*
　5.1.1　加速度波形データの収集 ……………………………………… *41*
　5.1.2　特徴量の抽出 …………………………………………………… *43*
　5.1.3　識別実験の評価指標 …………………………………………… *46*

5.1.4　周波数・レスポンス特徴量を用いた識別実験1 ························ *16*

　　5.1.5　減衰率特徴量を用いた識別実験2 ·································· *49*

　　5.1.6　周波数・レスポンス・減衰率特徴量を用いた識別実験3 ············· *54*

　5.2　深層学習を用いた配管バルブの健全性診断への応用 ···················· *56*

　　5.2.1　バルブの固着促進と振動計測 ··································· *56*

　　5.2.2　CNN を用いた固着診断 ······································· *58*

　　5.2.3　まとめ ·· *62*

6 章　水工分野への応用 ··· *63*

　6.1　水工分野と AI ··· *63*

　6.2　大雨による自然災害 ··· *64*

　6.3　洪水予測の必要性 ··· *65*

　6.4　洪水予測の方法 ··· *65*

　6.5　ニューラルネットワークによる洪水予測 ···························· *66*

　6.6　深層学習を用いた洪水予測モデルの開発 ···························· *68*

　6.7　深層学習を用いた洪水予測手法の検証①：実際の流域への適用 ·········· *69*

　6.8　深層学習を用いた洪水予測手法の検証②：様々な流域での適用性検証 ····· *71*

　6.9　深層学習を用いた洪水予測手法の検証③：

　　　　　入力データ数と予測精度との関連性 ···························· *73*

　6.10　深層学習を用いた洪水予測手法の検証④：

　　　　　未経験規模の洪水への適用性検証 ···························· *74*

　6.11　深層学習を用いた洪水予測手法の検証⑤：

　　　　　物理的なモデルとのハイブリッド ···························· *77*

　6.12　今後の展望 ··· *80*

7 章　地盤分野への応用 ··· *82*

　7.1　はじめに ··· *82*

　7.2　教師なし学習の応用例 ··· *83*

　7.3　教師あり学習の応用例（その1） ··································· *86*

　7.4　教師あり学習の応用例（その2） ··································· *90*

　7.5　データ同化の応用例 ··· *95*

8 章　土木計画分野への応用 ····································· *104*

　8.1　知識ベースシステム（ファジィ推論） ······························ *104*

　8.2　データマイニング手法（ファジィ決定木） ·························· *107*

8.3 人工社会モデル（マルチエージェントモデル)……………………………110

8.4 深層学習（ディープラーニング)………………………………………114

9章 コンクリート工学分野への応用……………………………………121

9.1 画像データの前処理………………………………………………121
9.1.1 画像の正規化………………………………………………121
9.1.2 ２値化処理によるひび割れの抽出………………………123
9.1.3 ノイズ除去……………………………………………………125
9.1.4 4-連結細線化処理…………………………………………125

9.2 特徴量の抽出………………………………………………………127
9.2.1 ひび割れ画素の周辺ヒストグラム………………………128
9.2.2 ひび割れによって囲まれた領域の周辺ヒストグラム…128
9.2.3 ひび割れ形状の特徴点分布………………………………129

9.3 評価実験の結果……………………………………………………132
9.3.1 LVQ による識別実験………………………………………132
9.3.2 線形 SVM による識別実験…………………………………133
9.3.3 非線形 SVM による識別実験………………………………134

10章 施工分野への応用…………………………………………………138

10.1 はじめに……………………………………………………………138
10.2 トンネル施工現場における地質評価に関する課題……………139
10.2.1 調査・設計段階における地質評価に関する課題………139
10.2.2 施工段階における地質評価に関する課題………………139
10.3 トンネル切羽地質状況自動評価システムの構築および
施工現場への適用…………………………………………………142
10.3.1 既往の施工実績を用いた自動評価システム検討………142
10.3.2 施工現場運用システムの構築……………………………147
10.4 現状の課題と今後の取り組み……………………………………148

あとがき……………………………………………………………………151

1章

はじめに

　最近，巷には「人工知能」や「AI」という言葉が氾濫している．新聞，雑誌，テレビ等で人工知能や AI に関する多くの記事がみられ，その特集も組まれ，多くの人工知能・AI 本も出版されている．新聞の記事や雑誌の特集を見ると，AI（今後は人工知能を AI と略する）が「これからの我々の生活，社会，経済に大きな影響を与える」ということは共通しているが，その具体的な内容については，各々の記事で少しずつ論調が違う．AI が多少進歩しても人間にとって代わるわけはないという消極的なものから，AI が進歩すると我々の生活が便利になりバラ色の人生が待っている，すなわち SF で描かれたような生活が実現するという積極的なもの，AI の進歩により我々の仕事が奪われ多くの人が失職するという悲観的なもの，さらには AI が人間を駆逐して支配するという恐怖的なものまで，いくつかの予想がある．それでは，本当に AI が進歩すると我々の生活はどう変わるのであろうか．この疑問に答えるには，AI とは何かという，その実体を理解することが必要不可欠であろう．

　AI の定義には，いろいろなものがあるが，ここでは簡単に「コンピュータが人間の代わりとなって知的な作業を行うこと」と考えておく．我々の周りを見ると，iPhone に搭載されている Siri が最も身近な AI の例であろう．Siri は音声を認識して何らかの行動をしてくれる．そして，現在は当然のように普通に目にするが，お掃除ロボット iRobot も AI の産物と考えられる．また自動翻訳器も非常に進んでいる．ili などはオフライン状態で 0.2 秒程度で翻訳することが可能である．そして，車の自動運転等もごく近い将来可能になると期待される．

　しかしながら，現在の AI ブームはやはりゲームの世界の出来事が直接のブームのきっかけになったと思われる．2013 年には AI 将棋のポナンザがプロ棋士に勝ち，2015 年には Alpha GO が世界的に高名な韓国のイ・セドル九段に勝利した．Alpha GO は Google に買収されたディープマインド社によって開発されたものである．囲碁は将棋に比べて打つ手の種類が多いので，AI 将棋がプロ棋士に勝った時も，囲碁で AI が勝つにはまだかなりの時間が必要であると考えられていたのに，たった 3 年以内に AI がプロのしかも最強と言われている棋士に勝利したことは驚きをもって迎えられた．

　このように，AI はすでに我々の身近に数多く存在している．本書では，この AI がインフラ分野でいかに役に立つかについて考えてみたい．インフラ分野は 3K，「きつい」，「危険」，「きたない」と言われてきた．このインフラ建設環境の改善を図るために，国土交通省により i-Construction 活動が推進されている．また国全体では，ICT 技術，IoT 技術，ビッグデータ技術に着目し，その推進を図っている．AI はこれらの ICT，IoT，ビッグデータ等の先端技術，特に i-Construction

とも深い関係にある.

　本書では，まず AI とは何かを理解するために，AI の基礎として，AI の歴史，AI の基礎的事項について説明し，今までに開発された種々の AI の手法について解説する．2章で詳しく説明するが，現在の AI ブームは第3次 AI ブームと言われている．第2次ブームは 1980 年代に終わった．その原因としては，当時の AI 技術が社会の要求する水準に到達していなかったことが主要因であろう．もちろん AI 技術のみではなく，コンピュータのハード技術の未熟さも大きな原因である．そして，AI は2回目の冬の時代を迎える．

　最近まで，AI という言葉は世間の注目を浴びることはなかった．それよりも，「ソフトコンピューティング」という言葉のほうが注目をされていた．ソフトコンピューティングとは，高度な精確性を要求せずに，システムを解析・設計する計算様式のことをいい，効率性，簡便性を目指すものである．この計算様式を実現するために，ファジィ理論，ニューラルネットワーク，人工知能，カオス理論，ベイジアンネットワーク等が考案されている．すなわち，「ソフトコンピューティングとは計算機科学，人工知能，機械学習等を含む計算技法であり，複雑な事象を扱うものである．この説明によると，人工知能がソフトコンピューティングの中の一つとして扱われていることがわかる．そして，現在 AI で最も有望な技術と言われている深層学習（Deep Learning）は，実はニューラルネットワークを拡張したものである．このように考えていくと，AI の定義，位置づけが時代と共に変化をしており，一義的なものではないことが理解できよう．

　以上のように，AI 技術の立ち位置は明確ではないものの，現在 AI という言葉が一般的に使われているので，本書でも AI を一つの分野として扱う．大野[1]によると，AI が現在のように発展するには，3つのブレークスルーが必要であった．1番目は，マイクロソフト社のビル・ゲイツがベイズ統計学を経営戦略の中核にすると宣言したことであり，2番目は与えられたデータから，データの中にあるパターンや経験則をコンピュータが自律的に導きだすという機械学習の発展であり，最後が 2006 年にカナダのトロント大学のジェフリー・ヒントンにより開発された従来のニューラルネットワークを改良した深層学習（Deep Learning）の登場である．この深層学習を用いて，AI 将棋ボナンザや Alpha GO が開発された．

　2章では，まず AI の基礎として，AI の歴史，基礎的事項，今までに開発された AI の手法について解説する．そして，現在注目を浴びている機械学習，深層学習を含む最新の AI 手法を紹介し，さらに AI の応用に関する現状を俯瞰する．AI の歴史としては，第1次ブームを起こした 1965 年に米国東部のダートマス大学で開かれた通称ダートマス会議を紹介し，AI のその後の発展について述べる．AI の基礎的事項として，なぜいま AI なのかについて説明し，AI の定義，AI の分類について解説し，弱い AI と強い AI とは何かを紹介する．そして，これまでに開発された種々の AI 技術の概要を紹介し，それらの利点，欠点等について解説する．

　3章では，最新の AI 技術，特に深層学習を中心としてその本質，計算法，利点等について，簡単な例を用いて詳述する．4章では，AI の種々の分野への応用例を紹介し，インフラ分野への AI の応用の現状について述べ，これらの AI 技術がインフラ分野にどのような形で応用できるかについて考え，インフラ分野に応用する場合の問題点，有効性，将来の可能性について概観する．本書では，インフラ分野を第1分野：構造工学，第2分野：水工学分野，第3分野：地盤工学分野，第4分野：計画学関係分野，第5分野：コンクリート工学分野，第6分野：施工分野と6つの分野に分けて考える．

5章では，構造工学分野への応用の可能性を，高力ボルトの打音診断，溶接部の損傷度診断，機械構造物の劣化診断等の具体的な例を用いて明らかにする．6章では，第2分野への応用として，深層学習を用いた河川水位予測手法を紹介し，7章では，第3分野での応用例として，法面の安全性診断への応用を紹介し，さらに8章，9章，10章では，第4分野の計画学分野への応用，第5分野のコンクリート工学分野への応用，第6分野の施工分野への応用を紹介する．最後に，11章で，AIの将来展望として，i-Construction，SIP開発技術，IoT技術との関連について述べる．そして，シンギュラリティ仮説を紹介し，AI技術の発展により消滅する可能性のある職業を紹介する．AIは本当に人間に代わりうるのかという命題についてAIと人間の違いを基に私見を述べ，最も注目されている深層学習の未来と限界についても紹介する．最後に，インフラ分野にAIを応用する場合の重要事項を明らかとし，その将来展望について記述する．

■1章　参考文献

1）　大野治：俯瞰図から見える日本型"AI（人工知能）"ビジネスモデル，日刊工業新聞社，2017．12

2章

AI の基礎

2.1 AI の歴史

　人工知能という言葉は，1956 年のダートマス会議で初めて使われたといわれている．もちろんもとは英語で，Artificial Intelligence（略して AI）が人工知能と日本語訳されたわけである．ダートマス会議を主催したマッカーシーが AI の名付け親と言われている．AI という言葉は，はじめはあまり良い感じを持たれなかった．すなわち，人工の脳というイメージもあり，フランケンシュタインのようなものを想像し，何かおどろおどろしい感じを受けたのではと言われている．

　ダートマス会議は，1956 年 7 月から 8 月にかけて米国東部ニューハンプシャー州のダートマス大学でジョン・マッカーシーの呼びかけにより開催された．参加者には，共同提案者であるマービン・ミンスキー，ネイサン・ロチェスター，クロード・シャノンの他に，レイ・ソロモノフ，オリバー・セルフリッジ，トレンチャード・モアー，アーサー・サミュエル，ハーバート・サイモン，アレン・ニューウェルなどがいた．この参加者の何人かがその後の人工知能分野をけん引することになる．マービン・ミンスキーはフレーム理論やパーセプトロンの限界に関する指摘などの業績があり，アレン・ニューウェルとハーバート・サイモンは世界で初めての人工知能プログラム "Logic Theorist" や，これを発展させた GPS（一般問題解決システム）の開発で知られている．よく知られているようにクロード・シャノンは情報理論の生みの親である．

　この後 1960 年代に入り AI に関する期待が高まり，主として問題解決を目指した研究が多くなされた．GPS（General Problem Solving）と呼ばれる一般的な問題解決システムも開発されたが，この当時のコンピュータの能力はあまりにも低く，小さな問題しか解けず，トーイ問題しか解けないといわれ，結局 AI への関心は薄れた．これから 1970 年代後半まで第 1 期の冬の時代が続く．1970 年代後半になり，問題解決より知識の利用に関心が向き，いわゆる「知識の時代」が始まった．1977 年スタンフォード大学のファイゲンバウムにより知識工学が提唱され，多くのエキスパートシステムが作られた．そのうちのいくつかは人間よりも優秀な結果を残し，実用化への期待が高まった．しかしながら，やはりデータ獲得手法やコンピュータハードの未熟さから，また世間の関心を失うことになった．これが第 2 期の冬の時代である．

　ところが，21 世紀に入り，AI を発展さすための 3 つのブレークスルーがあった．大野[1]によると，1 番目は，マイクロソフト社のビル・ゲイツがベイズ統計学を経営戦略の中核にすると宣言したことであり，2 番目は与えられたデータから，データの中にあるパターンや経験則をコンピュータが自律的に導きだすという機械学習の発展であり，最後が 2006 年にカナダのトロント大

学のジェフリー・ヒントンにより開発された従来のニューラルネットワークを改良した深層学習 (Deep Learning) の登場である.

この深層学習を用いて, AI ブームの起爆剤となったいくつかのシステムが開発された. 特に, 直接のブームのきっかけになったのは, 2013 年に AI 将棋のボナンザがプロ棋士に勝ち, 2015 年には Alpha GO が世界的に高名な韓国のイ・セドル九段に勝利したことであろう. Alpha GO は Google に買収されたディープマインド社によって開発されたものである. 囲碁は将棋に比べて打つ手の種類が多いので, AI 将棋がプロ棋士に勝った時も, 囲碁で AI が勝つにはまだかなりの時間が必要であると考えられていたのに, たった 3 年以内に AI がプロのしかも最強と言われている棋士に勝利したことは驚きをもって迎えられた.

現在身近にある AI の例として, 以下のものが挙げられる.

iPhone	Siri
自動運転	
自動翻訳	ili, ポケトーク W
将棋ソフト	ボナンザ　2013 年
Alpha GO	2015 年
IBM	ワトソン　2011 年

現在, 21 世紀は人工知能の時代であり, 人工知能は我々の生活, 社会, 経済に大きな影響を与えると言われている.

2.2　AI の定義と分類

人工知能とは何かというと, その定義にはいろいろあり, 目的, 立場が違えば少しずつ異なったものとなっている. AI にはいろいろな定義[2]があるが, 研究目的から大きく分けると以下の 2 つに分けることができる.

（1）人間の持つ知的な能力を機械によって実現すること
（2）人間の知的能力に対する解明, 解析をすること

また最近では, 弱い AI と強い AI という言い方で分類されている.

弱い AI：人間の知能の一部を代替する, 一見知的な限られた問題解決を行えるもの
- 特化型 AI：特定の決まった作業を遂行するためのもの（囲碁 AI など）
- 汎用型 AI：特定の作業やタスクに限定せず人間と同様の, あるいは人間以上の汎化能力を持ち合わせているもの

強い AI：脳科学などを取り入れながら人間の知能や心の原理を解明し, 人間の脳機能と同等の汎用的な知的処理が実現可能なもの. 人間のように自意識や感情を持ち合せているもの.

また, AI をその目的ごとに分けると, 以下のようになる.

探索型：代表格がチェス・将棋・囲碁で人間と対戦するゲーム AI
　　　　チェス（IBM Deep Blue）, 将棋（あから）,
　　　　囲碁（Alpha GO）→ （Alpha GO Zero）
知識型：代表格は, IBM が開発した「ワトソン」（2011 年）

制御型：お掃除ロボット「ルンバ」，自動運転車
統合型：探索型，知識型，制御型を統合した AI 知能ロボティクスの研究が代表的．

研究分野からの分類としては，

知能ロボット（自立型ロボット）

エキスパートシステム（各種故障診断）

画像理解システム（手書き文字認識）

教育システム（知的 CAI）

音声理解システム（音声予約システム）

自然言語理解システム（機械翻訳）

などが考えられる．

このように 21 世紀は AI の時代と言われ，多くの AI を用いた製品，システムが考えられているが，素朴な疑問としてなぜ今 AI なのかについて考えてみよう．その根底には，前述した3つのブレークスルーがあるが，もう少し具体的に言うと，以下に示すように，AI の方法論・手法の進歩とコンピュータ能力の驚異的な発展がある．

- 多くのデータの獲得が可能（ビッグデータ）になったこと
- 深層学習を代表とする AI 手法の発展：（例）Google の猫の認識，アルファ碁，AI 将棋
- コンピュータのハードの進歩：

CPU 処理の高速化

分散処理（並列コンピュータ）

GPU

量子コンピュータ（将来）

以上の要件が整ったことがその主要因であろう．

探索型・知識型・制御型・統合型に関わらず，AI には以下のデータに関する要件がある．

- 対象に関わらず学習のためのデータが必要
- それも，大量で様々なデータが必要
- ただし，目的に合ったデータを得ることは容易ではない
- 過去のデータは異なる目的のために蓄積されている
- 例えば，デジタルデータでなければ加工，処理ができない．

2.3 AI の手法

1章で述べたように，最近まで，AI という言葉は世間の注目を浴びることはなかった．それよりも，「ソフトコンピューティング」という言葉のほうが注目をされていた．ソフトコンピューティングとは計算機科学，人工知能，機械学習等を含む計算技法であり，複雑な事象を対象としている．この説明によると，人工知能がソフトコンピューティングの中の一つとして扱われていることがわかる．そして，現在 AI で最も有望な技術と言われている深層学習（Deep Learning）は，実はニューラルネットワークを拡張したものである．このように考えていくと，AI の定義，位置づけが時代と共に変化をしており，一義的なものではないことが理解できよう．

現在 AI という言葉のほうがよりよく流通しているので，本書でもソフトコンピューティング

として分類されていた手法を AI 手法の一つとして取り扱う．AI 手法として以下に示す手法をあげることができる．

- エキスパートシステム（推論ベースシステム）
- ベイジアンネットワーク
- ファジィ理論
- カオス理論
- ニューラルネットワーク
- 進化的計算（遺伝的アルゴリズムも含む）
- ディープラーニング
- 機械学習（強化学習，Q-学習，等）
- サポートベクターマシーン
- SOM（自己組織化マップ）
- 人工生命
- フラクタル理論
- デンプスター・シェーファーの証拠理論
- ラフ集合論
- 確率推論
- 免疫アルゴリズム

これらのうち，代表的なものについて簡単に説明する．

エキスパートシステム：エキスパートとは文字通り専門家という意味で，専門家の代わりをする．つまり，推論を繰り返すことにより，専門家と同程度の結論を導くことのできるコンピュータプログラムのことである．エキスパートシステムは一般的に，推論エンジンと知識ベースから構成されている．推論エンジンとはエキスパートシステムの頭脳と言えるもので，知識ベースに事実や規則などを収集し，それをもとに推論を行い結論を導くというものである．エキスパートシステムの問題点としては，専門家から有用な知識を得ることが容易ではなく，それをルールとして蓄積しても，有効なルールを検索するのに多大な時間が必要となることがあげられる．利点としては，もし専門家の知識が十分にしかも適切に獲得できれば，ニューラルネットワークや深層学習等で必要不可欠な膨大なデータを取得することが不要となることがあげられる．

ファジィ理論：1965 年にカリフォルニア大学バークレー校の L. A. Zadeh により考案されたファジィ集合がその基となっている．ファジィ集合では，集合に含まれるかどうかを真 (1) と偽 (0) の 2 値ではなく〔0, 1〕の連続値で定義されるメンバシップ関数を用いて，自然言語にみられるような「あいまいさ」を扱うことを可能としたものである．このファジィ集合を制御に応用したファジィ制御は一世を風靡した．ファジィ理論は，正確さの追及をある範囲でやめ，多少のあいまいさを許容することにより，効率的，安価，汎用性，頑健性に優れたシステムを開発できる．

8   2章　AIの基礎

ニューラルネットワーク：ニューラルネットワークとは，人間の脳内にある神経細胞（ニューロン）とそのつながり，つまり神経回路網を人工ニューロンという数式的なモデルで表現したものである．ニューラルネットワークは，入力層，出力層，隠れ層から構成され，層と層の間には，ニューロン同士のつながりの強さを示す重みを考える．一つの人工ニューロンは単純であるが，それを多数組み合わせることにより複雑な関数近似を行うことができる．ニューラルネットワークの問題点は，まず膨大なデータ（教師データ）の収集が必要であり，過学習，収束性等の計算自体に難点があることである．また，特徴量を適切に選択することが要求され，この選択を間違うと望ましい解が得られない．そして，なぜそのような解が得られたのかを明確に説明できない．すなわちシステムのブラックボックス化が起こるということである．

遺伝的アルゴリズム：遺伝的アルゴリズムとは，生物の進化の過程を模擬して作られたアルゴリズムで，1975年にミシガン大学のJohn Hollandが提案した．遺伝的アルゴリズムは通称GAと呼ばれ，最大の特徴としては，解空間構造が不明であり，決定的な優れた解法が発見されておらず，また，全探索が不可能と考えられるほど広大な解空間を持つ問題に有効であることがあげられる．解探索においては，選択，交叉，突然変異の操作を繰り返すことにより最適解を発見する．もちろん，全域的な最適解が得られるという保証はないが，多くの最適化問題で実用的な解が得られている．

ベイジアンネットワーク：ベイジアンネットワーク（Bayesian Network）とは，「原因」と「結果」の関係を複数組み合わせることにより，「原因」と「結果」がお互いに影響を及ぼしながら生じる現象をネットワークと確率という形で表したものである．過去に発生した「原因」と「結果」の積み重ねを統計的に処理し，『望む「結果」に繋がる「原因」』や『ある「原因」から発生する「結果」』を，確率をもって予測する推論手法ともいえる．

サポートベクターマシーン：サポートベクターマシン（SVM：Support Vector Machine）は，画像・音声などの情報データから，意味を持つ対象を選別して取り出すパターン認識手法のひとつである．SVMは，データを2つのグループに分類する問題には優れているが，多クラスの分類にはそのまま適用できない．計算量が多く，カーネル関数の選択の基準もないなどの課題もあるが，いくつかの問題ではその有効性が示されている．

　以上のAI技法が実際に使われた例は数多くある．特に，ファジィ理論はファジィ制御として多くの家電製品や機械製品に応用され成功をおさめている．また，エキスパートシステムやニューラルネットワークの応用例もいくつか見られる．最近では，まだ研究段階であるものが多いが，進化的計算，特に遺伝的アルゴリズムやベイジアンネットワークの実際問題への応用には期待が持たれている．
　このように過去，いろいろな分野に種々のAI技法が応用され，それなりの成功をおさめている．その詳細は成書に譲るとして，本書では，インフラ分野への応用例をいくつか紹介する．

2.3.1 ファジィ制御を用いた橋梁の振動制御

ファジィ制御を用いて橋梁のタワーの架設中の風による振動を軽減する試みが行われた．本振動制御の特徴として以下のものが挙げられる．

- 低振動数から高振動数まで，幅広い範囲で制振が可能．
- ファジィ制御を用いているため，制振対象の形状変化，振動特性変化に関わらず，安定した制振効果がある．
- 振動状態を監視し，小さな振動や突発的な振動時には休止し，継続的な有害振動時のみに働き，無駄なエネルギー消費を防ぐことができる．
- 停電時には，パッシブ型に切り替わり制振性能を維持するタイプと，非常用発電機により，常時アクティブ型として作動するタイプがある．
- パソコンの画面上で簡単に操作することが可能で，作動状態も確認することができる．

以下に，この装置を開発するために行われた模型実験の概要を示す．

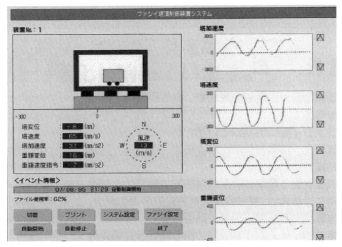

図 2.1　模型装置（日立造船株式会社提供）

10　2章　AIの基礎

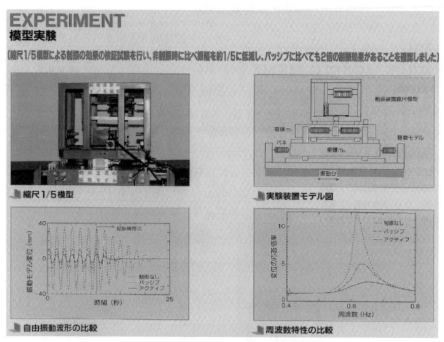

図2.2　模型実験（日立造船株式会社提供）

実際に用いられた制振装置の概要を示す．

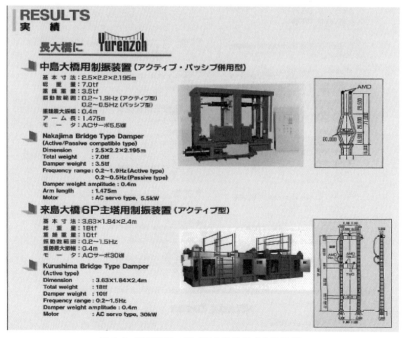

図2.3　制振装置の例（日立造船株式会社提供）

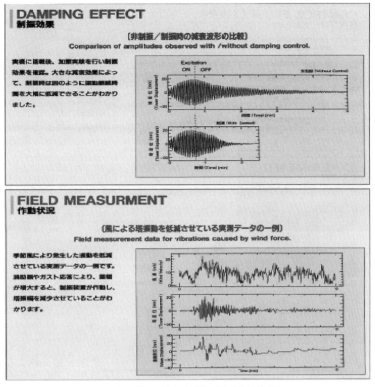

図2.4 制振効果（日立造船株式会社提供）

制振装置を付けることにより，振動が軽減されたことがわかり，実際の工事に用いられ，成功をおさめた．

2.3.2 ファジィ満足化手法を用いた斜張橋のケーブル張力調整

ファジィ満足化手法を用いて架設中の斜張橋のケーブル張力調整を効率的に行うシステムの開発例を紹介する．この手法を実際の斜張橋の架設に応用し，コンクリート橋と鋼橋が空中でつながる特殊な構造を狂いなく完成させることが可能となった．この手法はさらに韓国でも精度の向上を図り，仁川大橋（斜張橋）の建設に用いられ，誤差の小さな架設が達成された．このシステムを用いた斜張橋の架設は，温度変化の影響をできるだけ減らすために，深夜に架設を実施している．架設方法は，桁を張り出していき，先端で海上輸送された新しい桁を引き上げてケーブルを張っていく張り出し工法である．そして，張り出しの各STEP毎にシム調整し架設精度管理を行っている（図2.5）．なお，この計算は，予め構造解析ソフトで算出したケーブルのシム単位量の影響値を与えれば，現場では，EXCELで実行可能である．

図2.6に，出来上がりの結果を示す．桁の位置は，許容値範囲の真ん中にあり，ほぼ計画値を示しており，ケーブル張力も許容値の真ん中にあることがわかる．さらに，図2.7はシムプレートの挿入厚さを示しており，十分許容範囲に入っていることがわかる．ただし，側径間の端部では，大きなシムプレート厚が必要となる．これは桁製作などの大きな誤差要因が無ければ，ケーブル長さが大きいケーブルのシム調整をしているためであり，対をなす中央径間の長いケーブルもシム厚が大きくなる傾向がある．この事実は，架設前に設定する各ケーブルのシム厚の調節可

12　2章　AIの基礎

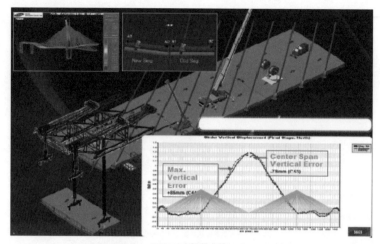

図2.5　架設方法

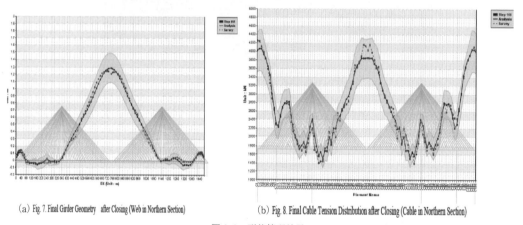

(a) Fig. 7. Final Girder Geometry after Closing (Web in Northern Section)　　(b) Fig. 8. Final Cable Tension Distribution after Closing (Cable in Northern Section)

図2.6　形状管理結果

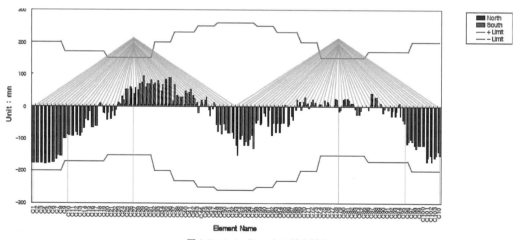

図2.7　シムプレートの挿入厚さ

能範囲の決定が重要なことを示唆している．図2.7の階段状の線がシムの挿入または撤去可能厚さの範囲である．側径間の端部ではシム余裕厚が小さい．万が一，余裕がなければシム調整が不

可能となってしまう．よって，シム厚設定値の決定は重要で，過去の実績，または，誤差を仮定したFORWARD（組み立て）解析などで慎重に決定しておく必要がある．

2.3.3　多目的遺伝的アルゴリズムを用いた橋梁補修計画策定システム

現在インフラ構造物の維持管理は全世界において喫緊の課題となっている．通常の維持管理計画策定法では，ライフサイクルコスト（Life Cycle Cost: LCC）を最小にするように計画を立てている．すなわち，以下のような最適化問題の形で定式化される．

目的関数：　LCC　→　最小
制約条件：　安全性　≦　決められた安全性基準
　　　　　　耐久性　≧　決められた耐用年数

話を簡単にするために，以下のような仮定をする．
　費用を最適化する計画案を立てるためには
　事前に必要な健全性を決定，ここでは0.8と仮定
　　　　　　　　　　　　（健全性は1から0の間で規定，1：健全，0：損傷）
　耐用年数を決定，ここでは50年と仮定

しかしながら，管理者にとって最も好ましいのは，

LCC　→　最小
安全性　→　最大
耐久性　→　最大

の3つの項目を最大化あるいは最小化することである．ところが実際には，上記の目的をすべて満たすことは不可能であるので，この3つの条件をいかにバランスさせるかが問題となる．ここでは，多目的遺伝的アルゴリズムを用いて，種々の特性をもつ多くの解（パレート解と呼ばれる）をもつ維持管理計画案を求める手法を紹介する．
　多目的最適化問題として定式化するので，以下のような3つの目的関数を考える．
　　工事費用
　　　耐用年数までの工法をすべて足したもの
　　　最小化を目的とする
　　健全性
　　　毎年の性能を積分したものを耐用年数で割る
　　　最大化を目的
　　耐用年数
　　　最大化を目的とする
　以下に数値計算例を示す．対象として海岸線に存在する10個の橋梁群を考える．

海岸付近を通る高架の道路橋を想定し，中性化，塩害弱，塩害中，塩害強の環境条件を設定する．対象として，桁（端部，中間部）2種，床板（端部，中間部）2種，下部工，沓の6部材を想定している．

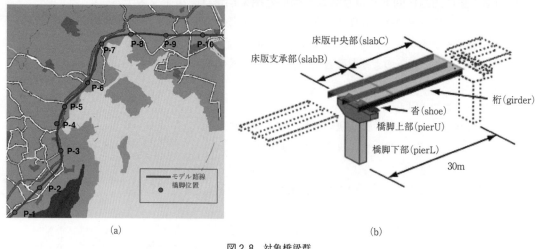

図 2.8 対象橋梁群

この橋梁群を対象に多目的遺伝的アルゴリズムで求めた解を図 2.9, 2.10 に示す．

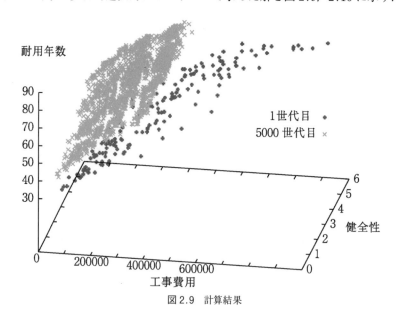

図 2.9 計算結果

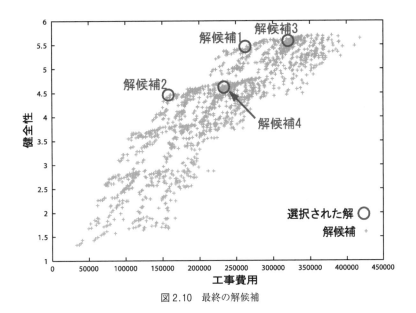
図 2.10 最終の解候補

解候補 1 に対応した維持管理計画案を図 2.11 に，解候補 2 に対応した維持管理計画案を図 2.12 に，解候補 3 に対応した維持管理計画案を図 2.13 に，解候補 4 に対応した維持管理計画案を図 2.14 にそれぞれ示す．

ここでは多目的遺伝的アルゴリズムの橋梁維持管理案策定への応用例を示したが，その他にも遺伝的アルゴリズムを用いて斜張橋のシム調整を行った実例もある．

2.3.4 ドローンと深層学習を用いた損傷度解析の例[6]

次に，小型ドローンに搭載されたカメラにより画像処理技術を用いて損傷度評価を行う試みを紹介する．まず，ドローンによって撮影した画像から構造物の 3D モデルの構築手法を開発し，図面のない橋梁に有効なデータ取得を試み，実験的にその実現の可能性を検討している．そして，ドローンを用いて撮影された橋梁画像から，画像処理技術のエッジ処理によって損傷度評価に有効な桁面や床版のひび割れを抽出する．そして，この画像を用いて深層学習（ディープラーニング）技術を用いてその損傷評価を行ったものである．

提案されている橋梁点検データ収集システムは，技術者が直接アクセスすることが困難な箇所に容易に接近できる小型ドローンと高画質小型カメラで構成されている．小型ドローンを遠隔操作により橋梁の周囲を飛行させ，数秒ごとにシャッターを切るインターバル撮影機能を使い，カメラ撮影を行うことによって，橋梁点検用の写真を取得する．図 2.15 にその概要を示す．

16　2章　AIの基礎

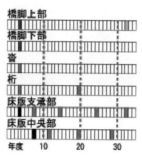

図2.11　解候補1に対応した維持管理計画案

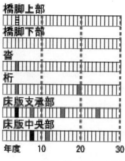

図2.12　解候補2に対応した維持管理計画案

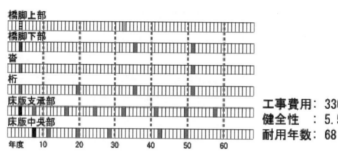

図2.13　解候補3に対応した維持管理計画案

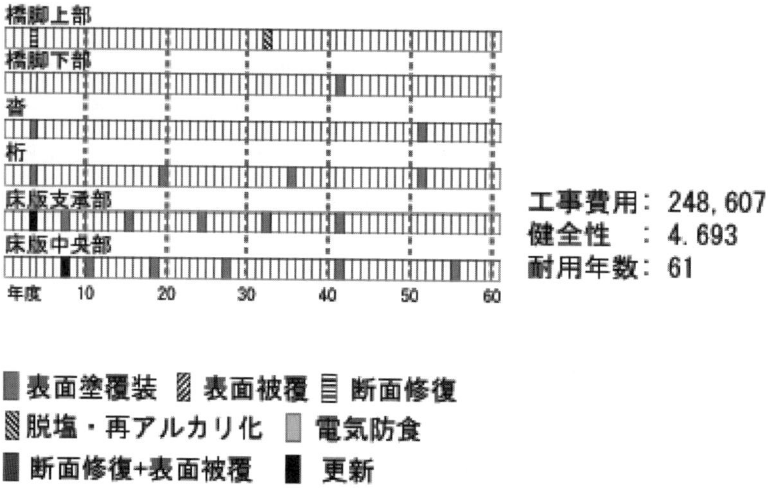

図2.14　解候補4に対応した維持管理計画案

2.3 AIの手法

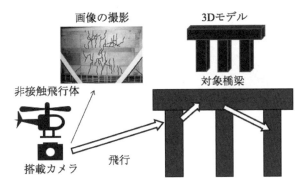

図 2.15　提案システムの構成

この時，橋梁点検にドローンを使用する際に，壁面や橋桁に接近して飛行をすることも考えられるため，ドローンが接触した際にも墜落することなく飛行を続けることや接触したまま移動することができる必要がある．そのため，小型ドローンの改良が試みられている．図 2.16 に改良モデルのプロトタイプ 1 の概要を示す．このプロトタイプ 1 の飛行実証実験を行った結果，図 2.17 に示すように，バンパータイプのガードを装着した機体と同様に壁面に張り付き墜落に陥ったため，さらにこのプロトタイプ 1 をベースにプロトタイプ 2（図 2.18）を作成している．

プロトタイプ 2 では，プロトタイプ 1 で延長されたアクリルパイプの先にカラーワイヤーを用いて前後斜め上方向に向けてアームを作成し，その先にホイールを取り付け，機体後部が持ち上がるのを抑制し，カラーワイヤーを前後方向に延ばすことにより，衝撃を吸収するエリアを増やし，衝突時の安全性を高めている．図 2.19，図 2.20 にその様子を示す．

最後に，この改良したドローンにより収集した画像から SfM ソフトウエアによって解析を行い，3D モデルの構築を行う．図 2.21 に得られた 3 次元モデルの例を示す．

次にこのドローンによって得られた写真の画像処理について説明する．まずドローンによって橋梁点検画像の取得をする．このままの画像では不必要な情報が多すぎるのでそれを取り除くことが必要となる．よって，まずひび割れ部分のみのトリミング画像を用意する．次に，自動閾値処理（2 値化処理：ある閾値を定めて，各画素の値が閾値を上回っていれば白，下回っていれば黒に置き換える）を行う．すなわち，カラー画像をモノクロの画像に変換する処理である．これは，色の持つ情報量が多すぎるためである．そして，エッジ検出処理の前処理を行う．その後，

図 2.16　プロトタイプ 1

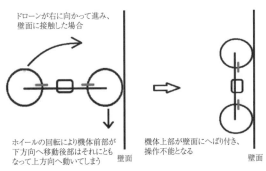

図 2.17　プロトタイプ 1 の実験結果

図 2.18　プロトタイプ 2

図 2.19　壁面に接触した状態での飛行

図 2.20　天井に接触した状態での飛行

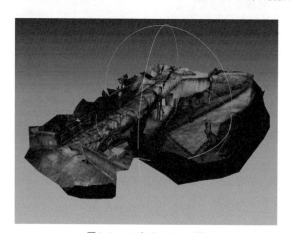

図 2.21　3 次元モデルの例

ひび割れ画像の特徴量を抽出しパターン認識技術を用いて損傷度判定が可能なモニタリングデータを完成させる.

　画像処理の手順を図 2.22 に示す.

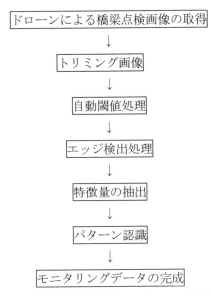

図 2.22　画像処理とモニタリングデータの取得手順

図 2.23 にエッジ処理の事例を示す．図 2.23 (a) は，ドローンにより撮影した実際の橋梁のひびわれ個所の写真である．これをコンピュータに認識さすためにエッジ処理を行ったのが下図である．ここでは CANNY 処理を行っている．

通常，機械学習を行う際には平均，分散，密度などの特徴抽出を行うための前処理が必須である．しかし，ディープラーニングを用いて画像認識を行う場合，ピクセルから線，線からパーツ，パーツから全体の概念というように階層的に特徴が自動抽出される．そのためユーザーが自分で特徴選択を行う必要がなく，自動で概念を高度に学習することが可能である．

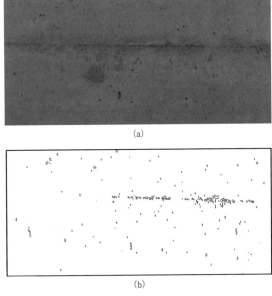

図 2.23　エッジ処理の例

20 2章 AIの基礎

ディープラーニングとは，2層以上の中間層を持つ多層ニューラルネットワークの総称である．従来用いられていたニューラルネットワークの構造は入力層，中間層，出力層の三層構造が一般的であることに対して，ディープラーニングは中間層を多層化することでモデルの表現力が向上する利点がある．これにより，入力した特徴量から有効なものを自動的に選択することが可能となる．しかし，同時にノイズや過学習の影響を受けやすいなどの問題も持っている．近年ではPCの計算速度の向上から大規模データを扱うことが可能となり，また上述の問題点に対する手法の開発も行われてきたことから，ディープラーニングが非常に注目されるようになった．

ここでは，ディープラーニングで画像認識を行う方法として ReLU（Rectified Linear Unit）という活性化関数を多段に構築し，その他のパラメータをチューニングするという手法を用いている．ReLU は $f(x) = \max(0, x)$ と単純な構成となっているために，通常のニューラルネットワーク等で用いられるシグモイド関数よりも計算量が少なく，正の値をとるユニットについて勾配が減衰せずに伝播する利点がある．さらに，通常のニューラルネットワークでの大きな課題の一つである過学習の問題を解決するために，本実験では Dropout という手法を使用している．Dropout とはニューラルネットに汎化性能をもたせる技術であり，学習の際に毎回隠れユニットの何割かをランダムに無視して学習することでユニット間，パラメータ間の依存関係が減少することで解の優位性の向上が期待できる．テスト時に学習結果は同時に使用し，結果は平均して用いるため，アンサンブル学習の近似であるとも言える．

最後にコンクリート床版のひび割れに対する損傷度判定の例を示す．阪神高速道路株式会社から提供されたコンクリート床版の画像を対象に損傷度判定を行い，ディープラーニングの実用可能性を検証する．実験では，44枚の画像のうち17枚を教師データ，残り27枚をテストデータとし，損傷度AからCの3段階で評価する．ここでは，統計分析ソフトRのH2Oパッケージを用いてディープラーニングの計算を行っている．パラメータ設定として，中間層を3層，ユニット数をそれぞれ1024，1024，2048とし，学習回数を450回，結合荷重の初期値を0.01としている．ひび割れ画像は画像から無駄な情報を排除することを目的として二値化し，ひび割れの部分のみが抽出された130×130ピクセルのものを使用している．6回試行した結果および他の手法による損傷度判定との比較結果を表2.1に示す．

表2.1 判定結果（表中の"―"は全試行結果が同じであったことを表す）

手法	ディープラーニング	バギング	ランダムフォレスト	AdaBoost
Max	100.00%	―	―	―
Min	88.89%	―	―	―
Ave.	92.59%	66.67%	70.37%	74.07

表2.1の数値は，手法ごとに6回の試行から得られた認識率から求めたものである．これらの結果より，ディープラーニングは，機械学習の応用分野で広く用いられている他の手法と比較して，高い判定精度を有することがわかる．さらに，特徴選択を必要とせず高い精度が得られたことから，システムの実用化において有効性の高いものであると期待できる．しかしながら，ディープラーニングによる判定結果において，試行ごとの認識率の差異は損傷度B（中程度の損傷）の判定によるものである．そのため，汎化性能のさらなる検証が必要と考えられる．

この例では，橋梁の維持管理の効率化，安全性の向上のための新たなモニタリング方法の提案

として，小型ドローンと高画質カメラを用いた橋梁モニタリングのためのデータ取得法を開発することを目的としている．まず小型ドローンの有効性に注目し，その改良を行うことにより有用な写真撮影が可能となった．次に，その写真から損傷度評価を行うために，エッジ処理の方法について検討している．最後に，その画像を用いて損傷度評価を行うために，ディープラーニング技術に着目し，その有用性について検討している．その結果，ディープラーニングを用いることにより，判定率は約9割以上に達しており，システムの有効性が示された．しかし，教師データ数が27枚と実験データとしては多いとはいえないため，現在の判定結果にはさらなる検討が必要である．損傷度判定率をさらに向上させ，判定率の平均値を安定させるため，今後は原画像の枚数を追加，教師データとテストデータの配分の変更，パラメータの調整などの判定率をさらに向上させる有効な方策を検討する必要がある．

■2章　参考文献

1）　大野治：俯瞰図から見える日本型"AI（人工知能）"ビジネスモデル，日刊工業新聞社，2017．12．

2）　馬場口昇，山田誠二：人工知能の基礎，昭晃堂，1999．

3）　古田均，小尻利治，宮本文穂，秋山孝正，大野研，背野康英：ファジィ理論の土木工学への応用，森北出版，1992．

4）　D. K. Im, H. Tanaka, J. K. Yoo, H. S. Kim, C. H. Kim, M. G. Yoon: Development and Application of Integrated Geometry Control System in Incheon Bridge, Proceeding of International Commemorative Symposium for the Incheon Bridge, pp. 134-141; 23th September, 2009, Songdo Convensia, Incheon, Korea

5）　古田均，亀田学広，中原耕一郎，多目的遺伝的アルゴリズムを用いたライフサイクルコスト分析，構造工学論文集，Vol. 51A，pp. 413-420，2005．3．

6）　古田均，萩野正樹，石橋健，藤川浩史，岡島幹，阿部大輔，ドローンを用いた維持管理関連データの獲得について，安全工学シンポジウム，2016．

3章

深層学習の基礎

これまで述べてきたように，AI 技術には，ソフトコンピューティングだけでなく，「知能をつくる」ということを目的とするならば，ゲーム理論，動的計画法，強化学習，ベイズフィルタ，粒子フィルタ，クラスタリング，パターン認識等の機械学習，自然言語処理等々，多種多様な方法論が含まれる．ここでは，近年の AI ブームをけん引する機械学習手法の一つである深層学習について，以下に概観する．

3.1 深層学習

深層学習は，機械学習の一つの手法で，「画像認識」「音声認識」「自然言語処理」などの分野で大きな成果をあげている．学習を行うニューラルネットワークにおいて層が深く，層が何段にも積み重なっていることから「深層」学習と呼ばれる．

深層学習のネットワーク構造の基本形態として，「深層階層型ニューラルネットワーク」，「畳み込みニューラルネットワーク」，「自己符号化器（Auto Encoder）」，「リカレントニューラルネットワーク」等がある．畳み込みニューラルネットワークは，画像の認識・物体検出・セグメンテーションや画像生成などに用いられる．自己符号化器は出力データが入力データをそのまま再現する 3 層のニューラルネットワークである．そのため，入力層から中間層への変換器は encoder，中間層から出力層への変換器は decoder と呼ばれる．中間層のノード数は入力データの次元数よりも小さくすることで次元縮約が可能となる．リカレントニューラルネットワークは時系列データ・シーケンスデータの分析や翻訳など自然言語処理の分野で盛んに研究されている．図 3.1 にニューラルネットワークの基本形態を示す．

深層学習が現在のように大きな注目を集めるきっかけになったのは，2012 年に開催された大規模画像認識のコンペティション ILSVRC（ImageNet Large Scale Visual Recognition Challenge）だと言われている．その年に，深層学習による手法で圧倒的な成績で優勝し，画像認識に対するこれまでのアプローチを覆した．2012 年以降のコンペティションでは，常に深層学習が良い成績をおさめている．

これまでの深層学習は大量のデータを学習することで高い成果を挙げることが知られているが，与えられた情報の中で，システム自体が特徴を選択し，自動的にデータから分類や予測に最適な特徴を抽出する．これが従来の機械学習と異なる点である．従来の機械学習手法は，分類や予測に寄与するであろう特徴を人手で抽出してきたが，深層学習は人間の経験や勘による特徴抽出を

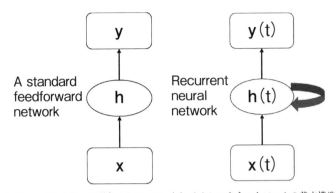

(a) フィードフォワード型ネットワーク　(b) リカレントネットワークの基本構造

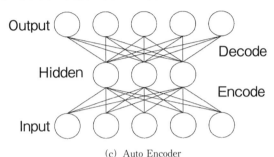

(c) Auto Encoder

図 3.1　ニューラルネットワークの基本構造

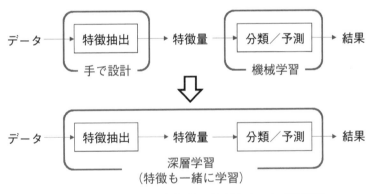

図 3.2　特徴抽出に対する変遷（上：従来型 AI，下：深層学習）

行うことなく，自動的にこれらを行うことから，これまで把握できていない新たな特徴を見出す可能性があると言える（図 3.2）．

　以下では，深層学習の基礎となる階層型ニューラルネットワークを説明し，畳み込みニューラルネットワークの基本構造，深層学習による一般物体検出と生成モデルについて紹介する．

3.2　ニューラルネットワーク

　ニューラルネットワークは，生物の脳の神経ネットワークをモデルにしたコンピュータ処理の仕組みである．脳には，ニューロンと呼ばれる神経細胞が無数にある．図 3.3 に示すように，ニ

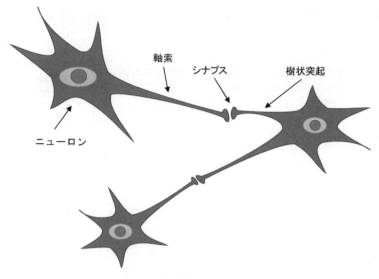

図 3.3 脳の神経ネットワーク

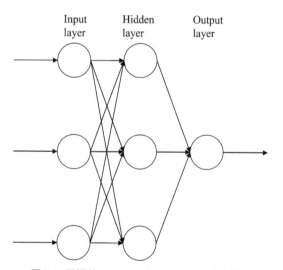

図 3.4 階層型ニューラルネットワークの基本構造

ューロンからは樹状突起と軸索が伸びており，他のニューロンと繋がっている．ニューロン同士の接合部は，シナプスと呼ばれ信号伝達をしている．それぞれの役割として，ニューロンは電気信号を発して，情報のやり取りをする．軸索は，電気信号を伝える．そして，シナプスは，電気信号の量がある値よりも大きくなると発火して，樹状突起を通り，次のニューロンに伝わる．この様にして，順番に電気信号がニューロンに伝わる流れが脳の神経ネットワークである．この脳で行われている情報の流れを単純化したものが，階層型ニューラルネットワークと呼ばれている．

　ニューラルネットワークを簡単に表すと図 3.4 のように表すことができる．左の列を入力層，中間の列を中間層，右の列を出力層，図の丸はニューロンと呼ばれている．中間層を増やすことで，ニューラルネットワークを深くすることができ，深層学習に用いられるニューラルネットワークとなる．それでは，どのようなやり取りが行われているか図 3.5 のニューロンを 1 つ取り出

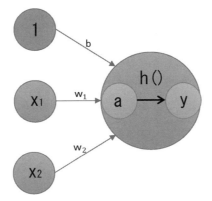

図 3.5 ニュートラルネットワークでのニューロンの動き

して，説明していく．

図 3.5 は取り出したニューロンに具体的な文字を当てはめている．x_1 と x_2，1 の 3 つの信号を受け取り，y が出力されることを表している．b はバイアスと呼ばれるパラメータで，ニューロンの発火のしやすさをコントロールしている．w_1 や w_2 は各信号の重みを表すパラメータで，これらは各信号の重要性をコントロールする．a は入力信号の総和を表しており，$h()$ は活性化関数と呼ばれ，入力信号の総和を出力信号に変換する関数である．活性化関数は，入力信号の総和がどのように活性化するかということを決定する役割がある．主な活性化関数としてシグモイド関数や ReLU 関数などがある．図 3.5 を式で表すと次式のようになる．

$$a = b + w_1 x_1 + w_2 x_2 \tag{3.1}$$
$$y = h(a) \tag{3.2}$$

主な活性化関数の関数式とグラフは以下のようになる．

シグモイド関数：
$$h(a) = \frac{1}{1 + e^{-a}} \tag{3.3}$$

ReLU 関数：
$$h(a) = \max(a, 0) \tag{3.4}$$

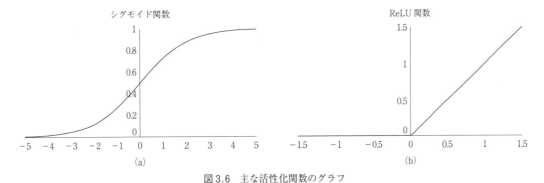

図 3.6 主な活性化関数のグラフ

分類問題の場合，出力層に用いる活性化関数は Softmax 関数がよく使用される．Softmax 関数

26   3章　深層学習の基礎

を使う理由は以下の通りである．ニューラルネットワークは，分類問題と回帰問題の両方に用いることができ，一般的に，回帰問題の場合は恒等関数を，分類問題の場合は Softmax 関数を使う．Softmax 関数は，各ニューロンからの出力値の合計が 1 になるように出力値を補正する．分類問題では，この補正された値の中で，最も高い値を示したニューロンが選択される．Softmax 関数の関数式を以下に示す．

$$y_k = \frac{\exp(a^k)}{\sum_{i=1}^n \exp(a_i)} \tag{3.5}$$

$\exp(x)$ は e^x を表す指数関数，n が出力層の総数，y^k は k 番目の出力を意味する．

　ニューラルネットワークの学習で用いられる指標として損失関数がある．損失関数はニューラルネットワークの性能の悪さを示す．現在のニューラルネットワークが教師データに対してどれだけ一致していないかということを表している．損失関数を手がかりにして最適なパラメータを探索する．損失関数は，任意の関数を用いることができるが，一般には，2 乗和誤差や交差エントロピー誤差などが用いられる．交差エントロピー誤差は，分類問題用の損失関数として利用され，次式で表される．

$$E = -\sum_k t_k \log y_k \tag{3.6}$$

y_k は k 番目の出力，t_k は正解ラベルとする．t_k は正解ラベルとなるインデックスだけが 1 で，その他は 0 となる．そのため，実質的に正解ラベルが 1 に対応する出力の自然対数を計算するだけになる．損失関数が最小値を取るときが，最適なパラメータとなる．しかし，損失関数は一般に複雑であるため，広大なパラメータ空間から最小値をとる場所を見つけるのは難しい．そこで，勾配を利用して関数の最小値を探す手法として勾配法がある．勾配法は，現在の場所から勾配方向に一定の距離だけ進む．そして移動した先でも同様に勾配を求め，またその勾配方向に進むということを繰り返すことで，関数の値を徐々に減らす．学習データが大量に確保できている場合は確率的勾配降下法が一般的に用いられる．確率的勾配降下法は，サンプルの一部を使って，繰り返し，少しずつ重みの更新を行う．損失関数で求めた誤差が小さくなるように，重みの更新を逐次行う．確率的勾配降下法で繰り返し行う計算は以下になる．

$$\Delta E = \frac{\partial E}{\partial w} \tag{3.7}$$

$$w \leftarrow w - \varepsilon \Delta E \tag{3.8}$$

E は損失関数で求めた誤差，w は重み，ε は学習係数となる．学習係数は任意の値に設定可能であるが，基本的には 0.01 や 0.001 などの値を設定する．

3.3　畳み込みニューラルネットワーク

　通常，多層ニューラルネットワークやサポートベクタマシンなどの従来の機械学習技術を用いて，画像認識を行う場合，期待通りの出力を想起させるための事前の特徴抽出が必須である．一

方，深層学習では，画像内のピクセルから線，線からパーツ，パーツから全体の概念というように階層的に特徴が自動的に抽出される．そのため，ユーザーが自分で特徴抽出・選択を行うことなく，自動で概念を高度に学習することができる．

深層学習とは，多層のニューラルネットワークを用いて機械学習を行う技術の総称である．中でも畳み込みニューラルネットワーク（以下，CNN と称す）は，画像認識分野を中心に最も利用されている深層学習の一つである．CNN は図 3.7 に示すように，入力層（Input layer），畳み込み層（Convolution layer），プーリング層（Pooling layer），全結合層（Fully connected layer），出力層（Output layer）から構成され，畳み込み層とプーリング層は複数回繰り返して深い層を形成し，その後の全結合層も同様に何層か続く構成となる．この畳み込み層とプーリング層の繰り返しによるアーキテクチャのルーツは福島らにより提案された Neocognitron[1] という階層型神経回路モデルにあり，その後，LeCun らによって，誤差逆伝播法による学習法[2] が整備されて以来，CNN の基本技術が確立された．以下に，各層の役割について簡単に説明する．

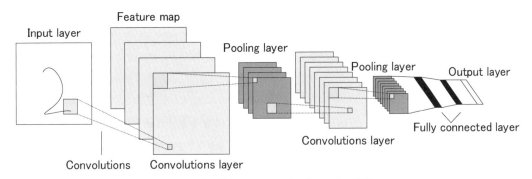

図 3.7　畳み込みニューラルネットワークの構成

畳み込み層の役割は，画像の局所的な特徴を抽出することである．1 層目の畳み込み層では，入力画像に対して，畳み込み処理を行い特徴マップを得る．この畳込みをする際のフィルタは画像内のすべての場所で共有されることから，単純な全結合型の多層ニューラルネットワークと比較して，大きくパラメータが削減される．そして 2 層目以降の畳み込み層では，前層の特徴マップを入力として同様に畳み込み処理を行う．ここで，画像サイズを $W \times W$ とし，画素をインデックス $(i,j)(i=0,...,W-1, j=0,...,W-1)$ で表すとする．画素 (i,j) の画素値を x_{ij} と書き，負の値を含む実数を取るとする．そして，小さいサイズ $H \times H$ 画素のフィルタの画素のインデックス $(p,q)(p=0,...,H-1, q=0,...,H-1)$ で表し，その画素値を h_{pq} とすると，画像の畳み込み処理は以下のように計算される．

$$u_{ij} = \sum_{p=0}^{H-1} \sum_{q=0}^{H-1} x_{i+p,j+q} h_{pq} \tag{3.9}$$

なお，フィルタを畳み込む間隔は任意で決定できる．そして，畳み込んで得られた値を，シグモイド関数や tanh 関数，正規化線形関数（Rectified Linear Unit: ReLU）などの活性化関数に与えて，その出力を特徴マップの値とし，次層に引き継ぐ．活性化関数では，ReLU が近年よく使われている．構成としては $f(u) = \max(0, u)$ の形式をとり，単純であるため，通常の多層ニューラルネットワーク等で用いられるシグモイド関数よりも計算量が少なく，正の値をとるユニッ

28 3章 深層学習の基礎

トについては勾配が減衰せずに伝播し，最終的により良い結果が得られることが多い．

プーリング層は，畳み込み層から出力された特徴マップをまとめ上げ，縮小する役割を担う．このとき，着目する領域を指定し，その着目領域の特徴マップの値から新たな特徴マップの値を求める．着目領域を例えば 3 × 3 画素とするとその 9 個の画素値から，最大値を選ぶ最大プーリングや，平均値を選ぶ平均プーリングなどがある．

プーリング層を交えることで，位置変更への感度を下げ，小さな平行移動に対する不変性を持たせる役割を果たすことが分かっている．

全結合層では，多層ニューラルネットワークと同様に重み付き結合を計算し，活性化関数によりユニットの値を求める．全結合層の入力は畳み込み層またはプーリング層であり，これらの層は 2 次元の特徴マップであることから，全結合層に入力するために 1 次元情報に展開する．

出力層では，多層ニューラルネットワークと同様に，尤度関数を用いて，各クラスの尤度を算出する．今，出力層 $l = L$ の各ユニット $k(= 1, ..., K)$ の全ての入力は，1 つ前の層 $l = L - 1$ の出力を元に $u_k^{(L)}$ と与えられたとする．これを元に，出力層の k 番目のユニットの出力を，以下のソフトマックス関数を用いて計算する．

$$y^k \equiv z_k^L = \frac{\exp(u_k^{(L)})}{\sum_{j=1}^{K} \exp(u_j^{(L)})} \tag{3.10}$$

こうして算出される出力 $y_1, ..., y_k$ は，総和がいつも 1 になるように正規化する．今考えているクラスを $C_1, ..., C_k$ と表すとき，出力層ユニット k の出力 $y_k(= z_k^{(L)})$ は与えられた入力画像 $\mathbf{x}$ が，クラス C_k に属する確率（式(3.11)）を表すものとして解釈する．

$$p(C_k|\mathbf{x}) = y^k \equiv z_k^{(L)} \tag{3.11}$$

そして，この確率が最大になるクラスに入力画像 $\mathbf{x}$ は分類される．

現在，深層学習では新しい手法が次々と提案されている．特に画像認識分野では，Google や Facebook，Microsoft などの IT 業界での大企業や世界中の大学が積極的に研究開発に取組んでおり，これまでに様々な CNN がオープンソースソフトウェアとして公開されている．ここでは，2015 年の一般物体認識のコンペティション（ILSVRC2015）で優勝したモデルである ResNet[3] について簡単に紹介する．

ResNet は Residual Network の略で，Microsoft Research Asia（MSRA）のメンバーによって考案されたモデルである．MSRA は 152 層の ResNet を使用して，ILSVRC2015 で，誤判定率 3.57%（前年度優勝モデル GoogleNet の誤判定率が 6.66%）という非常に高い推定精度で優勝した．ResNet は，通常のネットワークのように，何かしらの処理ブロックによる変換 $F(\mathbf{x})$ を単純に次の層に渡していくのではなく，図 3.8 に示すように，入力 $\mathbf{x}$ をショートカットし，$\mathbf{y} = F(\mathbf{x}) + \mathbf{x}$ を次の層に渡すことが行われる．このショートカットを含む処理単位をここでは，residual モジュールと呼ぶ．このショートカットを通じて，誤差逆伝搬時に，誤差信号が直接上位層に伝わるため，勾配消失の問題の発生が抑えられ，非常に深いネットワークにおいても効率的に学習ができるようになっている．ResNet は，residual モジュールを重ねていくだけというシンプルな設計でありながら，高精度な認識を実現できることから，現在，デファクトスタンダードなモデル

3.3 畳み込みニューラルネットワーク

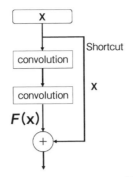

図 3.8 Residual モジュールの概略

となっている．

ただし，実際には，畳み込み層に加えて，バッチ正規化（Batch normalization）や活性化関数 ReLU が配置されており，例えば，文献 3) では，畳み込み処理→ Batch normalization →活性化（ReLU）→畳み込み処理→ Batch normalization →加算処理（$F(\mathbf{x})+\mathbf{x}$）→活性化（ReLU）の構造が利用されている．Batch normalization は，各層（ここでは畳み込み層）の出力をミニバッチごとに正規化した新たな値で置き換えることで，内部共変量シフトが大きく変化するのを防ぎ，学習が早くなる・過学習を抑えるなど，学習の高速化・安定化に寄与する．この共変量シフトとは，データの分布が訓練時と推定時で異なるような状態のことを指し，訓練中にネットワーク内の各層の間で起きる共変量シフトを内部共変量シフトと言う．ResNet ではこの Batch normalization を residual モジュールに組み込むことで深いネットワークの効率的な学習を実現しており，ResNet 以降のモデルでは，Batch normalization が標準的に用いられるようになった．図 3.9 に 34 層の ResNet モデルの構造を示す．ResNet の登場以降，residual モジュール内の構成要素を最適化することで，推測精度を向上させる方法[4),5)]が次々に提案されている．

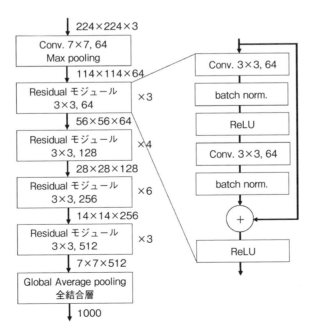

図 3.9 ResNet-34 の構造

3.4 深層学習を用いた一般物体検出技術

深層学習を用いて，一枚の写真の中に何が映っているかを推測し，写真を分類するという行為は物体認識あるいは画像認識となる．ただし，実際の写真を見てみると，人と犬が一枚の写真の中に同時に写っていたりバイクの後ろに自動車が写っていたりすると，1 枚の写真を単純に 1 つのクラスに分類することは容易ではない．これに対し，一枚の写真の中に，何がどこに移っているかを探索する行為（図 3.10）が物体検出である．

深層学習を用いた一般物体検出技術の先駆けとなったアルゴリズムは R-CNN[6]である．この方法は，事前に，教師データとなる各種画像をもとに，クラス分類の深層畳み込みニューラルネットワークモデルを学習することから始まり，その後，与えられた画像の中から，オブジェクトらしい候補領域を多数選び出して，オブジェクトの各クラス確率を算出し，大きい確率の候補領域を出力するものである（図 3.11）．ただし，1 枚の画像の中の候補領域は数千にもおよぶ場合があり，その一つ一つの領域に対して畳み込みニューラルネットワークによる推測を行うことは，膨大な時間が掛かる恐れが生じる．例えば，動画等は 1 秒間に 30 あるいは 60 フレームの画像があることから，リアルタイム処理は極めて困難となる．これに対し，近年，リアルタイム処理が可能な YOLO[7),8),9)]というフレームワークが登場して以来，一般物体検出の高速化・高精度化を目指して様々な方法が提案されている．以降では，YOLO[7)]とその後続版の YOLOv2[8)]について紹介する．なお，2018 年 12 月 17 日現在では，YOLOv3[9)]が開発されているが，その詳細はここでは割愛する．

YOLO は C 言語で作成されたフレームワーク Darknet の一機能として提供されているもので，物体検出に関しての YOLO の大きな特徴は，検出対象オブジェクトの候補領域の切り出しとそ

図 3.10　一般物体の例（Yolo ホームページから引用）

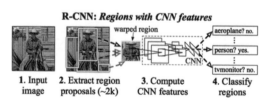

図 3.11　Object detection by R-CNN[9)]

の候補領域のクラス確率の算出を一回の推測で同時に行う点にあり，このことで，R-CNN やその後続の方法[10),11)]と比較して，非常に高速に物体検出を行うことを可能としている．また，動画に対しても実時間で物体検出を行うことができる．以下に，YOLO の推論の流れを示す．

3.4.1 推論手順

図 3.12 に YOLO の推論手順を示す．まず，入力画像を S × S のグリッドセルに分割することから始まる．各グリッドセルは，図 3.13 に示すような複数の bounding box を持ち，それらの box に対する信頼度（Confidence）を以下のように計算する．

$$\text{Confidence} = \Pr(\text{Object}) \cdot IOU_{pred}^{truth}$$
$$IOU_{pred}^{truth} = \left| \frac{B_i \cap ground\_truth}{B_i \cup ground\_truth} \right| \quad (3.12)$$

ここで，Pr(Object) は，boundng box が何らかの物体を含んでいる確率であり，IOU_{pred}^{truth} (Intersection Over Union) は，学習時には，グリッドセルから予測される bounding box (B_i) と実際に教師データとして与えた画像内のオブジェクト（$ground\_truth$）との重複の割合である（図 3.14）．

信頼度とは，bounding box が何らかの物体を含んでいる確率 Pr(Object) と，bounding box と ground_truth の重複割合 IOU の積として構成される．もし，着目しているグリッドセル内に検

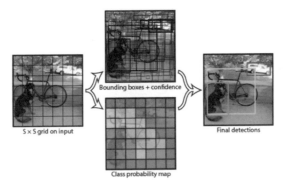

図 3.12　YOLO の物体検出手順（文献[7)]図 2 より作成）

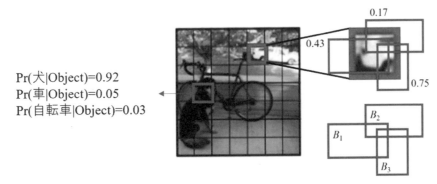

図 3.13　bounding box と信頼度

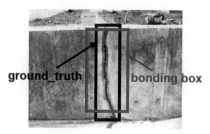

図 3.14 *IOU* における重複例

出対象オブジェクトが存在しない場合は，それぞれの bounding box には，そのオブジェクトが存在しないことから信頼度は 0 になる．また，それぞれの bounding box は信頼度に加えて，YOLO 内で予測された，自身の中心座標 (x, y) と大きさ（$height, width$）を保持する．一方，グリッドセルは，検出対象オブジェクトが自分自身のグリッドセル内に含まれるか否か，条件付きのクラス確率 $\Pr(Class_i|Object)$ を持つ．例えば，図 3.13 の着目グリッドセルは，$\Pr(犬|Object)$ = 0.05，$\Pr(自動車|Object)$ = 0.92，$\Pr(自転車|Object)$ = 0.03 等の値を持つ．例えば，文献[7]に示される PASCAL VOC では，画像を 7×7 のグリッドセルに分割し，それぞれのグリッドセルが信頼度の高い 2 個の bounding box を出力し，信頼度の大きさに応じて図 3.12 内の bounding box + confidence のように太さで表現する．最後に，閾値を超える信頼度を持つ bounding box だけを採用する．そして，採用された bounding box と対応グリッドセルにおいて最も確率の高いクラスと結合して，bounding bonx のクラスを決定する（図 3.12 内 final detection）．

以上のように，YOLO による一般物体検出は，各グリッドセル領域に対して行うクラス分類と bounding box による物体候補の領域の検出を行う構造になっている．

3.4.2　深層畳み込みニューラルネットワークの構造と学習

YOLO では，図 3.15 に示す 24 層の畳み込み層および 2 層の全結合層からなる 26 層の畳み込

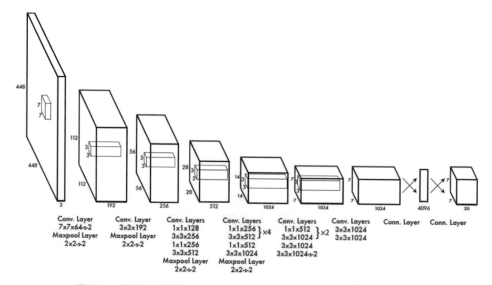

図 3.15　YOLO の畳み込みニューラルネットワーク構造（文献[7]図 3 より作成）

みニューラルネットワークで学習を行っている．YOLO は，入力画像に対して各グリッドセルの検出対象のカテゴリと 2 つの bounding box の位置情報（$x, y, height, width$）と信頼度を出力することから，そのため，出力層のユニットは，検出対象のクラス数と 2 つの bounding box の位置情報と信頼度（（$x, y, height, width$，信頼度）$\times 2$）を加算し，グリッド数 $S \times S$ を乗算した数となる．

　ネットワーク内のフィルタおよびバイアスを最適化する際の損失関数を以下に示す．

$$
\begin{aligned}
\text{Loss function} = &\ \lambda_{\text{cood}} \sum_{i=0}^{S^2} \sum_{j=0}^{B} I_{ij}^{\text{obj}} [(x_i - \hat{x}_i)^2 + (y_i - \hat{y}_i)^2] \\
&+ \lambda_{\text{cood}} \sum_{i=0}^{S^2} \sum_{j=0}^{B} I_{ij}^{\text{obj}} [(\sqrt{w_i} - \sqrt{\hat{w}_i})^2 + (\sqrt{h_i} - \sqrt{\hat{h}_i})^2] \\
&+ \sum_{i=0}^{S^2} \sum_{j=0}^{B} I_{ij}^{obj} (C_i - \hat{c}_i)^2 \\
&+ \lambda_{\text{noobj}} \sum_{i=0}^{S^2} \sum_{j=0}^{B} I_{ij}^{\text{noobj}} (C_i - \hat{c}_i)^2 \\
&+ \sum_{i=0}^{S^2} I_i^{\text{obj}} \sum_{c \in classes} (p_i(c) - \hat{p}_i(c))^2
\end{aligned}
\tag{3.13}
$$

ここで，I_{ij}^{obj} は，j 番目の bounding box の中心座標が，i 番目のグリッドセルに存在するときに 1 となり，それ以外は 0 になる関数であり，I_i^{obj} はオブジェクトが，グリッドセル i に存在するときに 1 を返し，それ以外は 0 を返す関数である．なお，λ_{cood} および λ_{noobj} はそれぞれ，プログラムのデフォルト設定で，5 や 0.5 が指定されているが，これらは任意に設定できる値である．

　損失関数の第 1 項は，予測された bounding box の中心座標（$\hat{x}_i, \hat{y}_i$）と教師データとして与えたオブジェクトの切り出し領域（ground_truth）の中心座標（x_i, y_i）との誤差を表す項である．第 2 項は，予測された bouding box の大きさ（$height, weight$）$= (\hat{h}_i, \hat{w}_i)$ と教師データで与えたオブジェクトの切り出し領域（ground_truth）の大きさ（$height, weight$）$= (h_i, w_i)$ との誤差に相当する．第 3 項は，bounding box の信頼度 $\hat{c}_i$ と教師データの信頼度 C_i（$= 1$）との誤差を計算する項であり，bounding box の中心座標があるグリッドセルにおいてのみ計算される．第 4 項は，bounding box の不信頼度の予測誤差を計算する項であり，bounding box の中心座標がないグリッドセルにおいてのみ計算される．そして，第 5 項はグリッドセルのクラス分類時の条件付きクラス確率 $\hat{p}_i(c)$ の誤差を計算する項である．以上の 5 つの項のそれぞれが，0 に収束するように，深層畳み込みニューラルネットワーク内部のフィルタおよびバイアスが最適化される．

3.4.3　YOLOv2

　YOLO はこれまでに提案されている一般物体検出システムの内で，最も高速に出力する方法の一つであるが，より高精度に物体検出を可能とする YOLOv2 という方法が同じ作者から提案されている．YOLOv2 も YOLO と同様に C 言語で作成されたニューラルネットワークのフレームワーク Darknet の一機能として提供されているもので，学習モデルのネットワークアーキテクチャが YOLO で使用されたものと変更されている．主な変更点は，まず，ネットワークアーキテクチャの最初から最後までのすべてを畳み込み層（Fully Convolutional Network）で構成している．このため，ネットワーク構造をそのままで，学習時に複数のサイズの画像を交互に入力することが可能となり，検出性能がより頑健になるように訓練できる．これはコンピュータビジョンの分野で利用される Semantic Segmentation のタスク（各画素がどの物体に属するのかを推定す

34　3章　深層学習の基礎

る）でよく利用されるモデルであり，このことにより，検出精度の向上が図られている．また，Batch Nomalization を全ての畳み込み層に導入することで，学習の収束の速さと精度を改善している．また，1つのグリッドセルにおいて，bounding box の数を5にしている等がある．

3.4.4　YOLO 用の教師データの作成

一般物体検出を行う際，教師データは，検出対象とするオブジェクトが写された画像データから，その領域を切り出し，その領域の中心座標，大きさ等の位置情報とラベル付けされたクラスを必要とする．YOLO は学習実行時に検出対象となるオブジェクトの位置情報を読み込み，内部で自動的に教師データを生成する．このオブジェクトの写った画像とオブジェクトの位置情報を使用して，ネットワークの重み係数が学習される．なお，画像データからの切り出しと位置情報の抽出は，画像処理ソフト等を使用するが，LabelImg[12]や BBox-Label-Tool[13]が便利なソフトの一つである．使用方法はそれぞれの GitHub 内の Web サイトや文献[14]を参照されたい．これにより，ひび割れが映し出されている画像を多数用意し，画像からひび割れ領域を指定し，YOLOv2 用のオブジェクトの位置情報を作成する．この位置情報が YOLOv2 内部で読み込まれ，教師データが生成される．

3.5　深層生成モデル

生成モデルとは，観測データを生成する確率分布を想定し，観測データからその確率分布を指定する方法であり，擬似データの生成や外れ値検知[15]などにも応用できる．生成モデルには，Generative Adversarial Network (GAN) や GAN 内のニューラルネットワークを畳み込みニューラルネットワークに置き換えた Deep Convolutional Generative Adversarial Network (DCGAN)[16]をはじめ，Variational Autoencoder (VAE)[17]など，様々な方法が提案されている．ここでは，GAN の基本構造について説明し，その発展版である DCGAN について画像生成を例として紹介する．

GAN は生成器（Generator）と識別器（Discriminator）という2種類のニューラルネットワークから構成される．生成器は，ランダムノイズを入力としてデータを生成するものであり，識別器はこの生成されたデータを，GAN に事前に与えた学習用データであるのか，あるいは生成器からのデータであるのか識別する役割を果たす．つまり，生成器は，識別器が学習用データであると誤認識するようなデータを生成するように学習を進め，識別器は，生成器から生成されたデータや学習用データを正しく推定しようと学習を進めていく．GAN は，以下の評価関数（Loss function）で表現される2プレイヤによるミニマックスゲームとして定義され，これをもとにロスを計算し，バックプロパゲーションを行う．

$$Lossfunc = min_G max_D V(G, D)$$
$$= E_{x \sim p_{data}(x)}[logD(x)] + E_{z \sim p_z(z)}[log(1 - D(G(z)))] \tag{3.14}$$

ここで，p_z は一様乱数など任意の分布であり，z はサンプルされたノイズデータを表し，$D(x)$ は入力がサンプル分布 p_{data} からのデータ（事前に与える学習用データ）である確率であり，入力サンプル x がサンプル分布 p_{data} からであると判断する場合1を返し，Generator の出力分布 p_g から

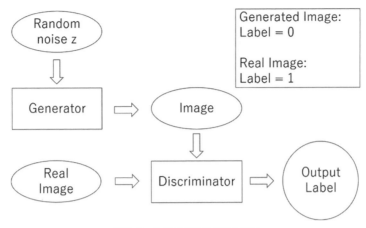

図 3.16　生成モデルの処理の流れ

である（生成器 G からの出力である）と判断する場合 0 を返す．ゆえに，識別器 D は，式 (3.14) を最大化したいため，この符号を反転した値が識別器 D を学習する際の評価関数値（ロス）にあたる．一方，生成器 G に関係するのは，第 2 項の $E_{z\sim p_z(z)}[\log(1-D(G(z)))]$ のみであり，これがそのまま生成器 G の評価関数となる．生成器 G にとっては，この値を最小化することが目的であり，$D(G(z))=1$ となるように（識別器 D をだますように）学習する．図 3.16 に GAN の学習の流れを示す．GAN の最終出力は画像が本物であるかどうかの確率を表す変数 Valid であるため，Generator の学習時にも Valid を目的変数にとる．

一方，DCGAN は，GAN のニューラルネットワークに深層畳み込みニューラルネットワーク (CNN) を用いたものであり，識別器では畳み込み層を用い，生成器では逆畳み込み層（Deconvolution 層）を用いて，ランダムノイズ z から画像を順次，拡大しながら生成していく．学習安定手法のための変更点として，サンプルデータを [0,1] の範囲に正規化する．勾配がスパースにならないように Max プーリングは使用せず，ストライド 2 の畳み込み層を使用し，ReLU は使用しない．勾配をスパースにしないことに加えて，勾配が負の場合でも伝播を行えるよう識別器で leaky_relu を使用している．またバッチ正規化を使用し，パラメータ数を削減するために全結合層を排除している．

識別器および生成器の評価関数を，深層学習のフレームワーク Chainer の公式リポジトリにある DCGAN の example のコード[18] を参考にまとめると，以下のようになる．GAN で評価関数と考え方は同じであるが，いくつかの工夫が見られる．

識別器の評価関数：

$$Loss\ Function_{discriminator} = -E_{x\sim p_{data}(x)}[logD(x)] + E_{z\sim p_z(z)}[log(D(G(z)))].$$

生成器の評価関数：

$$Loss\ Function_{generator} = E_{z\sim p_z(z)}[log(-D(G(z)))].$$

識別器の評価関数の内，$-E_{x\sim p_{data}(x)}[logD(x)]$ は前述の通り，最大化問題を最小化問題に置き換えるための符号反転が行われているものであるが，右辺の第 2 項 $D(G(z))$ に注意が必要であ

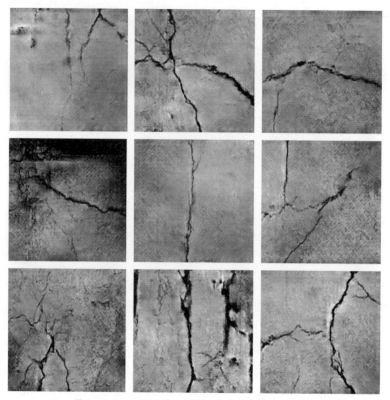

図3.17 DCGANの出力結果（ひび割れ画像の生成例）

る．これは識別器Dへの入力が，生成器Gからのデータであると，識別器Dがきちんと認識できれば0を出力するため，$E_{z \sim p_z(z)}[log(D(G(z)))]$をそのまま最小化すればよいことになる．よって，識別器の評価関数はこれらの和を最小化するように設定される．

一方，生成器は，識別器を上手く騙すことが目的である．生成器が識別器を上手く騙せると，$D(G(z))$が大きくなる．よって，評価関数は最小化問題にするため，$log(-D(G(z)))$のようにマイナスをつける必要がある．

図3.17に，DCGANでひび割れ画像を生成した例を示す．図から明らかなように本物と見分けのつかないひび割れ画像が生成されていることが分かる．教師データとして与えた画像は割愛するが，教師データを丸暗記しているわけではないことを確認している．

■ 3章　参考文献

1) Fukushima, K.: Neocognitron: a self organizing neural network model for a mechanism of pattern recognition unaffected by shift in position, *Biological Cybernetics*, Vol. 36(4), pp. 93–202, 1980.
2) LeCun, Y., Bottou, L., Bengio, Y. and Haffner, P.: Gradient-based learning applied to document recognition, Proc. of *IEEE*, pp. 2278–2324, 1998.
3) He, K., Zhang, X., Ren, S. and Sun, J.: Deep residual learning for image recognition. *Proc. of the 2016 IEEE Conference on computer vision and pattern recognition*, pp. 770–778, 2016.
4) He, K., Zhang, X., Ren, S. and Sun, J.: Identity mappings in deep residual networks. arXiv preprint

arXiv: 1603.05027v3, 2016.

5） Han, D., Kim, J. and Kim, J.: Deep pyramidal residual networks. *Proc. of the 2017 IEEE conference on computer vision and pattern recognition*, pp. 5927-5935, 2017.

6） Girshick, R., Donahue, J., Darrell, T., Malik, J.: Rich feature hierarchies for accurate object detection and semantic segmentation, *Proc. of the 2014 IEEE conference on computer vision and pattern recognition*, pp. 580-587, 2014.

7） Redmon, J., Divvala, S., Girshick, R., Farhadi, Ali.: You only look once: Unfied, Real-Time, Object detection, arXiv preprint arXiv: 1506.02640v5, 2015.

8） Redmon, J., Farhadi, A.: YOLO9000: Beter, Faster, Stronger, arXiv preprint arXiv: 1612.08242v1, 2016.

9） https://pjreddie.com/darknet/yolo/

10） Girshick, R.: Fast R-CNN, *Proc. of the IEEE International conference on computer vision*, 2015.

11） Ren, S., He, K., Girshick, R., Sun J.: Faster R-CNN: Towards Real-time object detection with region proposal networks, *Proc. of Advances in neural information proccessing systems*（NIPS 2015), pp. 1-10, 2015.

12） https://github.com/tzutalin/labelImg

13） https://github.com/puzzledqs/BBox-Label-Tool

14） 株式会社フォードネットワーク，監修藤田一弥，高原歩：実装ディープラーニング，オーム社，2017.

15） Ribeiro, M., Lazzaretti, A. E., and Lopes, H. S.: A study of deep convolutional auto-encoders for anomaly detection in videos, Pattern Recognition Letters, Vol. 105, pp. 13-22, 2018.

16） Radford, A., Metz, L. and Chintala, S.: Unsupervised representation learning with deep convolutional generative adversarial networks, arXiv preprint arXiv: 1511.06434v2, 2016.

17） Kingma, D. P. and Weilling, M.: Auto-Encoding Variational Bayes, arXiv preprint arXiv: 1312.6114v10, 2014.

18） https://github.com/chainer/chainer/tree/master/examples/dcgan

4章

AI の応用の現状

4.1 AI の種々の分野への応用

　今回の AI ブームの特徴は，応用が技術的な分野のみではなく，あらゆる分野にわたっていることである．AI ブームの火付け役となった Alpha GO をはじめとしてボードゲームの開発が有名である．現在，AI 将棋，AI 碁では，もう人間と対戦する必要はないといわれており，Alpha GO Zero では，コンピュータ同士が対戦をすることにより知識を増やし実力を高めており，従来の Alpha GO に大差で勝利をおさめている．

　実際にどのような分野で AI の応用が期待されているかというと，大野[1]によると，経営改革，製造業界，自動運転あるいはロボットに分けて，経営改革：顧客分析，テキストマイニング，プロジェクト管理，製造業界：GE の IoT 戦略，異常検知，自動運転・ロボット：車の自動運転，倉庫・配送の AI 化，等が紹介されている．また，総務省によると，人工知能（AI）の利活用が望ましい分野として，以下のものがあげられている[2]．

- 生体情報や生活習慣，病歴，遺伝等と連動した，健康状態や病気発症の予兆の高度な診断
- 路線バスやタクシー等の高度な自動運転
- 渋滞情報や患者受入可能な診療科情報等と連動した，緊急車両の最適搬送ルートの高度な設定
- 道路や鉄道などの混雑状況等と連動した，交通手段間での高度な利用者融通や増発対応
- 監視カメラ映像や不審者目撃情報等と連動した，犯罪発生の予兆の高度な分析
- 高度かつリアルタイムの需要予測や製造管理等によるサプライチェーンの最適化
- 未知のサイバー攻撃や内部犯行等による不正アクセスや，不正送金などの金融犯罪の高度な検知
- 高度な意味理解や感情認識等によるコンピュータと人間の対話の高度化
- 利用者の嗜好やメールの履歴，発信元等と連動した，迷惑メールの高度かつ自動的な削除
- 市場の値動き等と連動した，金融資産の高度かつ自動的な運用による利回りの最大化
- 信用供与先の財務状況等と連動した，最適な融資額の算定による貸倒れ損失の回避
- 優良顧客の優遇や感動体験の付与，需給に見合う価格設定等による，顧客の囲い込みや満足度向上

4.2　AI のインフラ分野への応用

　インフラ分野への AI の応用例は，いろいろなところで報告されている．例えば，大成建設は重機の自動運行に AI を応用する試みを始めている[3]．このシステムでは，高精度な自律走行を実現する走行制御システムと人と重機の接触災害を防止する人検知システムが組み込まれている．

　また，関電工は，IoT（モノのインターネット）や人工知能（AI）のディープラーニング（深層学習）を用いた空調設備診断監視サービスと，BLE（ブルートゥース・ロウ・エナジー）通信で施工現場の照度測定記録を簡素化する技術を 18 年度に実用化するといわれている[4]．

　このように，インフラ業界では，労働力不足，技術の継承が困難という背景を受けて，AI に対する期待は，他の分野より大きなものがある．特に，国土交通省が推進する i-Construction と AI の融合，IoT，ビッグデータ，BIM/CIM との融合で AI が大きな役割を果たすことが期待されている．

　国土交通省では，AI の応用に関連する課題として以下のものをあげている[5]．
①業務への AI 適用における課題
　•AI を活用することで生産性向上に寄与することができる業務プロセスの把握ができていない．
　•AI 活用の前提となる様々なビッグデータの収集と活用の仕組みが整っていない．
②調達の高度化における課題
　•適正な工期設定は，週休 2 日等の休暇確保等を図るうえで必要不可欠．
　•施工状況に即した適切な歩掛を用いた積算は，適切な賃金水準を確保するうえで必要不可欠．
③施工管理の高度化における課題
　•熟練オペレータの高齢化に伴う離職により，建設現場の生産性低下が懸念．
　•ICT 施工で発生している多くのセンサー情報・施工情報が工事全体での生産性向上に十分に活かされていない．
④情報連携の高度化における課題
　•施工中に収集・蓄積されるビッグデータを管理・連携する仕組みが未確立．
　•CIM を用いた情報連携の仕組みが構築されつつあるが，2 次元 CAD で設計された既存構造物の CIM モデル（3 次元モデル＋属性情報）構築には追加コストが発生

以下に建設関係に関する AI の応用例を紹介する．
　•AI を使ったマンション入居者への運動提案（大和ハウス）
　•路面の傷み具合を AI で調べるシステム（福田道路，NEC）
　•AI が住宅の顧客対応をするシステム（野村不動産アーバンネット他）
　•AI を活用した住宅向け 24 時間 365 日のチャット対応サービス（エスケーホーム）
　•建設工程管理 AI（大林組）
　•構造の劣化診断 AI（産総研）
　•AI を使った建築設計と自動施工計画ツール（鹿島）
　•AI をつかった高級住宅向けの照明・家電の自動制御システム（ハナムラ）
　•AI で住宅リノベーションプランを作成するシステム（アイランドスケープ）

- AI 搭載の HEMS パッケージ（日本住宅サービス）
- AI で住宅営業支援（桧家ホールディングス）
- AI を用いた施工の合理化システム（スマートコンストラクション）にサブスクリプション
  モデルを導入（コマツ）
- 構造設計支援 AI（竹中工務店）
- AI で土地活用の設計プラン・収支算出（ZWEISPACE JAPAN）
- AI を搭載した自動搬送ロボットを試験運用（清水建設）
- AI を搭載した規格住宅（アキュラホーム）
- 住宅設備に AI 活用（LIXIL）

　以上のように，インフラ分野でも多くの AI の応用が試みられている．ただし，現状はまだ開発段階，あるいは試行段階で，完全に実業務で使われている段階ではない．とはいうものの，これらの応用例において実用段階にあるものも散見される．AI システムの構築には，当然のことながら多くのデータ（Big Data）が必要不可欠であり，IoT 技術と AI を融合させることにより，インフラ構造物の状態をリアルタイムで知ることができ，その異変あるいは災害後の状態評価が瞬時にできることが期待される．そして，BIM/CIM 技術と AI が組み合わされると，生産効率の向上，品質の向上が可能となる．また，英国の建設業界では，3D プリンタ，拡張現実（AR），仮想現実（VR）などの技術を人材育成プログラムに導入するべきであるといわれており，徒弟制度的な技能伝承方法でなく，最新の情報技術を導入した教育カリキュラムが必要であるといわれている．

■ 4 章　参考文献

1 ）　大野治：俯瞰図から見える日本型 "AI（人工知能）" ビジネスモデル，日刊工業新聞社，2017. 12.
2 ）　総務省「ICT の進化が雇用と働き方に及ぼす影響に関する調査研究」（平成 28 年）（http://www.soumu.go.jp/johotsusintokei/whitepaper/ja/h28/pdf/n4200000.pdf#search＝%27AI%E3%81%AE%E5%BF%9C%E7%94%A8%E5%88%86%E9%87%8E%27）
3 ）　大成建設：http://www.taisei.co.jp/about_us/release/2017/1439247165770.html
4 ）　関電工：https://www.decn.co.jp/?p＝97629
5 ）　国土交通省：http://www.mlit.go.jp/tec/gijutu/kaihatu/pdf/h29/170725_06jizen.pdf#search＝%27%E5%BB%BA%E8%A8%AD%E6%A5%AD%E7%95%8C%E3%81%A8AI%27）

5章
構造分野への応用

5.1 高力ボルトの打音診断への応用

鋼橋などの構造物に用いられる高力ボルトの軸力低下や腐食劣化などを発見するためには，定期的な点検が必要であり，様々な非破壊検査技術が研究・開発されている．中でも，打音点検法は高力ボルトをハンマーで叩いた際に発生する音や振動を熟練技術者が聴いたり感じたりすることによって診断する方法であり，長年の経験に裏付けられた知識によって，聴覚・触覚情報と高力ボルトの軸力を結び付けている．人間の聴覚・触覚（打音点検）によって高力ボルトの健全性を的確に評価し，さらに他の非破壊検査結果との併用を試み，評価精度を高めていくことによって，詳細な調査が必要である構造物の絞り込み（スクリーニング）が可能であると考える．

この応用例では，ランダムフォレスト（RF；Random Forest），サポートベクトルマシン（SVM；Support Vector Machine），ニューラルネットワーク（NN；Neural Network）を適用して，高力ボルトを打音した際に発生する加速度波形データから軸力を推定することを試みた[1]．以下では，供試体からの加速度波形データの収集方法，特徴量の抽出方法，抽出した特徴量に基づく軸力の識別結果について述べる．

5.1.1 加速度波形データの収集

応用例で使用する加速度波形データは，図5.1に示すような小型試験体を用いてデータ収集を行った．図5.2は小型試験体の軸力を測るためのひずみゲージの設置図であり，図5.3は小型試験体に取り付ける振動加速度センサの位置とハンマーで打撃する位置を示した図である．実験に

図5.1　小型試験体の写真

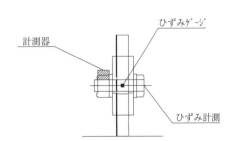

図5.2　小型試験体の構成

5章 構造分野への応用

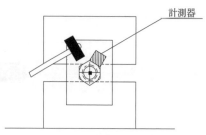

図 5.3　センサ位置と打撃位置

用いた試験体は2種類であり，軸力を変えて振動加速度データを収集した．データ収集をした時の状況を表 5.1 に示す．試験体 TYPE-1 は軸長が 80 mm の M22 × 80 の F10T 高力ボルトで締結しており，試験体 TYPE-2 は軸長が 110 mm の M22 × 105 の F10T 高力ボルトで締結している．また，高力ボルトは摩擦接合設計をしており，摩擦抵抗力を 48 kN で規定して設計している．さらに，摩擦係数は 0.4 以上となるようにして，橋梁においては安全率を 1.7 程度とるので，48 × 1.7/0.4 から 204 kN となる．示方書では 205 kN を設計軸力としているため，それを基準として軸力を設定している．表 5.1 の条件のもと，ハンマーで各 20 回ずつ打撃し，その際に発生した振動を振動計デジバイブロ MODEL-1332B を用いて，5000 Hz のサンプリング周波数で加速度波形データを収集した．データ収集で得た加速度波形データは，軸力 100 % が 40 個，軸力 80 % が 40 個，軸力 60 % が 40 個，軸力 40 % が 40 個の計 160 個である．実際の技術者からの意見により，軸力 100 % と軸力 80 % を安全な状態とし，軸力 60 % と軸力 40 % を危険な状態と想定する．収集した加速度波形データは図 5.4 のようにある一定時間振動した後で 0 に収束していく形となる．

表 5.1　振動加速度データの採取表

タイプ	軸力(%)	軸力(kN)	収集回数
TYPE-1 （HTB M22×80 F10T）	100%	205.5	20
	80%	161.2	20
	60%	122.8	20
	40%	82.4	20
TYPE-2 （HTB M22×105 F10T）	100%	206	20
	80%	163.8	20
	60%	122.6	20
	40%	82.4	20

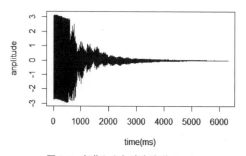

図 5.4　収集した加速度波形データ

5.1.2 特徴量の抽出

この応用例では，高力ボルトをハンマーで打撃した際の加速度波形データを，様々なソフトコンピューティングの手法を用いて学習し，軸力の識別可能性を検討した．具体的には，鋼板を高力ボルトで締結した試験体を用いて収集した加速度波形データに対して，フーリエ変換を用いて周波数データに変換し，得られた周波数データと加速度波形データから，周波数・レスポンス特徴量および減衰率特徴量を抽出して，抽出した特徴量を RF，SVM，NN で学習させることによって軸力を推定することを試みる．全体の流れを図 5.5 に示す．ここで，周波数特徴量とレスポンス特徴量は，周波数データの周波数やレスポンスに注目し，レスポンスの値がピークとなっている周波数やレスポンスの値を上位から特徴量として取得した．また，減衰率特徴量は移動平均法を適用して元の加速度波形データを平滑化した波形データから特徴量を抽出した．周波数特徴量，レスポンス特徴量，減衰率特徴量の抽出方法の詳細を以下に述べる．

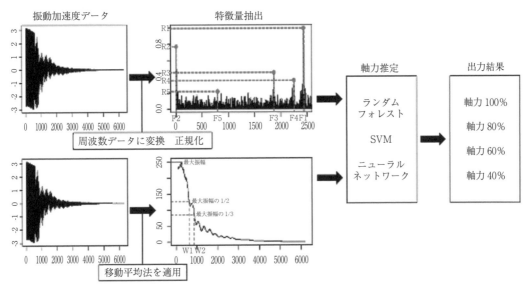

図 5.5　軸力識別の流れ

(1) 周波数・レスポンス特徴量の抽出

周波数特徴量とレスポンス特徴量の抽出は，加速度波形データを変換した周波数データを用いる．周波数データは高速フーリエ変換で加速度波形データを周波数データに変換した後，ウェーブレット変換と平滑化，正規化を行う．図 5.6 に特徴量抽出時に用いる周波数データを示す．図 5.6 の縦軸は周波数データのレスポンス，横軸は周波数を示す．周波数特徴量は周波数データのレスポンスの値がピークとなっている周波数の上位 5 つを抽出する．図 5.6 中の F1～F5 が特徴量として抽出した周波数である．また，レスポンス特徴量においても，レスポンスの値がピークとなっているレスポンスの上位 5 つを抽出する．図 5.6 中の R1～R5 が特徴量として抽出したレスポンスである．なお，レスポンスの 1 位（図 5.6 中の R1 の値）は，正規化によりすべての周波数データにおいて 1 となるため，軸力の識別には使用しない．つまり，ピーク周波数の 1 位～5 位の 5 個とピークに対応するレスポンスの 2 位～5 位の 4 個，あわせて 9 個の特徴量を使用して軸力の識別を行う．

44　5 章　構造分野への応用

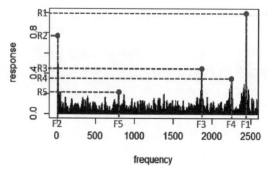

図 5.6　周波数・レスポンスの抽出方法

(2) 移動平均法による減衰率特徴量の抽出

　減衰率特徴量の抽出には，収集した加速度波形データに移動平均法を適用したものを用いる．収集した加速度波形データを図 5.7，加速度波形データに移動平均法を適用した平滑化した波形データを図 5.8，図 5.9，図 5.10 に示す．図 5.7〜図 5.10 の縦軸は加速度波形データの振幅，横軸は時間を示す．図 5.8〜図 5.10 はそれぞれ 50 点ずつ，100 点ずつ，200 点ずつの平均を取り，プロットし直したものである．平均を取るデータ数は，加速度波形データのサンプリング周波数が 5000 Hz なので，50 点ずつ，50 の 2 倍である 100 点ずつ，50 の 4 倍である 200 点ずつとした．図 5.8〜図 5.10 より，移動平均法を適用することによって波形が崩れて，減衰の傾向が把握できない状態になっていることが分かる．そこで最終的には，図 5.11 のように振動加速度の振幅の絶対値をとることによって，振動加速度データを加工したものを用いて特徴量を抽出する．図 5.11 のデータに対して移動平均法を適用したグラフを図 5.12，図 5.13，図 5.14 に示す．図 5.12〜図 5.14 は図 5.8〜図 5.10 と同様に，50 点ずつ，100 点ずつ，200 点ずつの平均を取り，プ

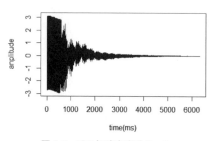

図 5.7　元の加速度波形データ

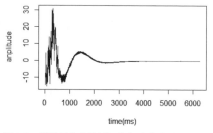

図 5.8　移動平均を適用した加速度波形（50 点の平均）

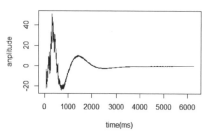

図 5.9　移動平均を適用した加速度波形（100 点の平均）

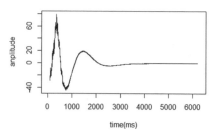

図 5.10　移動平均を適用した加速度波形（200 点ずつの平均）

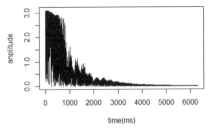
図 5.11 加速度波形データの加工データ

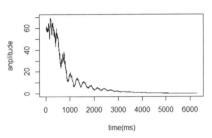
図 5.12 移動平均を適用した加速度波形（50点ずつの平均）

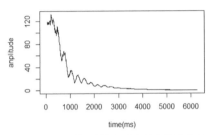
図 5.13 移動平均を適用した加速度波形（100点ずつの平均）

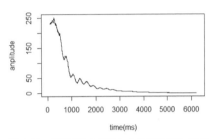
図 5.14 移動平均を適用した加速度波形（200点ずつの平均）

ロットし直したものである．図 5.12〜図 5.14 より，波形の傾向が把握できる状態になっていることが分かる．そこで，図 5.12〜図 5.14 より最大振幅の 1/2, 1/3, … となるまでの時間を求め，減衰率特徴量とした．つまり，図 5.15 のように最大振幅から一定の振幅に減衰するまでの時間を減衰率特徴量とする．図中の W_1, W_2 が抽出した減衰率特徴量である．

この応用例では，減衰率特徴量の個数は，最大振幅の 1/2, 1/3, …, 1/11 の 10 個とし，それぞれの識別精度について検証した．つまり，$W_1 \sim W_{10}$ までの特徴量を抽出し，軸力の識別に用いる．識別実験では，特徴量の個数によって識別率がどのように変化するのかを検証するために個数を変えて識別実験を実施した．また，平均値の取り方として，50 点ずつ，100 点ずつ，200 点ずつの 3 パターンにおいても識別精度を比較検証した．

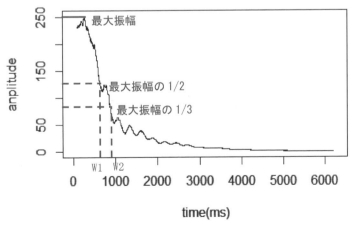
図 5.15 減衰率特徴量の抽出方法

5.1.3 識別実験の評価指標

この応用例では，識別の性能評価として識別誤差とF値を用いた．識別誤差とは，識別軸力が実際の軸力とどれだけ離れているかを考慮するための指標である．識別誤差の算出方法を図5.16に示す．例えば，図5.16のように軸力100％のものを軸力60％と識別した場合，2クラスずれているので，軸力60％と識別している値に2をかけた値を識別誤差とする．軸力ごとに誤差を集計し，その合計値を識別器の識別誤差とする．識別誤差はその値が低ければ低いほど，軸力識別の精度が高いことを表す．また，実際の軸力識別を想定したときに，低軸力のボルトを見逃さない，誤識別しないことが重要である．そこで，軸力60％と軸力40％を軸力100％と軸力80％として識別していないかどうかを考慮することが重要となる．その評価指標としてF値を用いることができる．F値の説明の前に，適合率と再現率について説明する．適合率と再現率は，情報検索の分野で利用されているもので，適合率とは出力された結果の中に，どれだけ正解が含まれているかを示す指標である．再現率とは，正解のクラスの中からどれだけ，結果として出力できたかを示す指標である．適合率と再現率の間には，トレードオフの関係があるので，両者の調和平均をとったF値と呼ばれるものが利用される．このF値を利用して，識別器の性能評価を実施することとした．識別実験で算出するF値は軸力100％と軸力80％の2クラスにおけるF値になる．このようにすることで，軸力60％と軸力40％が軸力100％と軸力80％として識別していないかどうか，あるいは軸力100％と軸力80％を軸力60％と軸力40％として識別していないかどうかを判定することができる．F値は1～0の範囲で，値が高いほど性能が良いと考えることができる．

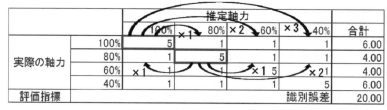

図5.16 識別誤差の算出方法

5.1.4 周波数・レスポンス特徴量を用いた識別実験1

識別実験1では基礎的な実験として，周波数特徴量とレスポンス特徴量を用いて識別実験を行い，比較検証した．まず，特徴量の個数によって識別率がどのように変化するのかを検証するために，特徴量の個数を変えた識別実験を行った．さらに，3種類のパターン認識手法（RF，SVM，NN）によって，識別率がどのように変化するのかも検証した．

(1) RFによる識別

表5.2は周波数の上位1位～3位までの3個の周波数特徴量とレスポンスの上位2位～3位までの2個のレスポンス特徴量を用いて識別実験を行った結果である．平均識別率が60.0％，識別誤差が18.7，F値が0.64となり，実際の軸力が40％であるにもかかわらず軸力100％であると識別したものが2.5％，軸力80％であると識別したものが14.0％となった．また，表5.3は周波数の上位1位～5位までの5個の周波数特徴量とレスポンスの上位2位～5位までの4個のレス

表 5.2　周波数 3 個とレスポンス 2 個の識別結果（RF）

		推定軸力				識別率
		100%	80%	60%	40%	
実際の軸力	100%	5.1	0.9	1.2	0.8	63.75%
	80%	0.9	4.7	1.1	1.3	58.75%
	60%	0.3	1.7	4.8	1.2	60.00%
	40%	0.2	1.1	2.1	4.6	57.50%
					平均識別率	60.00%
評価指標	識別誤差			F値		
	18.7			0.640903582		

表 5.3　周波数 5 個とレスポンス 4 個の識別結果（RF）

		推定軸力				識別率
		100%	80%	60%	40%	
実際の軸力	100%	6.1	1.4	0.5	0	76.25%
	80%	0.4	5.8	1.6	0.2	72.50%
	60%	0.4	0.8	5.2	1.6	65.00%
	40%	0	0.6	1.8	5.6	70.00%
					平均識別率	70.94%
評価指標	識別誤差			F値		
	11			0.761080674		

ポンス特徴量を用いて識別実験を行った結果である．平均識別率が 70.9 ％，識別誤差が 11.0，F 値が 0.76 となり，実際の軸力が 40 ％であるにもかかわらず軸力 100 ％であると識別したものが 0.0 ％，軸力 80 ％であると識別したものが 7.5 ％となり，特徴量の個数を増やすことによって識別精度が向上することがわかった．

(2) SVM による識別

表 5.4 は周波数の上位 1 位〜3 位までの 3 個の周波数特徴量とレスポンスの上位 2 位〜3 位までの 2 個のレスポンス特徴量を用いて識別実験を行った結果である．平均識別率が 60.3 ％，識別誤差が 17.2，F 値が 0.62 となり，実際の軸力が 40 ％であるにもかかわらず軸力 100 ％であると識別したものが 2.5 ％，軸力 80 ％であると識別したものが 3.8 ％となった．また，表 5.5 は周波数の上位 1 位〜5 位までの 5 個の周波数特徴量とレスポンスの上位 2 位〜5 位までの 4 個のレスポンス特徴量を用いて識別実験を行った結果である．平均識別率が 69.4 ％，識別誤差が 12.6，F 値が 0.70 となり，実際の軸力が 40 ％であるにもかかわらず軸力 100 ％であると識別したものが 0.0 ％，軸力 80 ％であると識別したものが 12.5 ％となり，表 5.4 の結果より識別精度が少し改善されていることがわかった．しかし，表 5.3 の RF による識別実験の結果に比べてわずかではあるが劣る結果となった．

表 5.4　周波数 3 個とレスポンス 2 個の識別結果（SVM）

		推定軸力				識別率
		100%	80%	60%	40%	
実際の軸力	100%	4.9	1.1	1.6	0.4	61.25%
	80%	1.5	4.6	1.2	0.7	57.50%
	60%	0.7	1.3	5.1	0.9	63.75%
	40%	0.2	0.3	2.8	4.7	58.75%
					平均識別率	60.31%
評価指標	識別誤差			F値		
	17.2			0.620915033		

48 5章　構造分野への応用

表 5.5　周波数 5 個とレスポンス 4 個の識別結果（SVM）

		推定軸力				
		100%	80%	60%	40%	識別率
実際の軸力	100%	6.1	1.1	0.8	0	76.25%
	80%	1.7	5.7	0.4	0.2	71.25%
	60%	0.8	1.2	4.8	1.2	60.00%
	40%	0	1	1.4	5.6	70.00%
					平均識別率	69.38%
評価指標	識別誤差			F 値		
	12.6			0.702854392		

(3) NN による識別

表 5.6 は周波数の上位 1 位～3 位までの 3 個の周波数特徴量とレスポンスの上位 2 位～3 位までの 2 個のレスポンス特徴量を用いて，識別実験を行った結果である．平均識別率が 63.1 %，識別誤差が 13.8，F 値が 0.63 となり，実際の軸力が 40 % であるにもかかわらず軸力 100 % であると識別したものが 2.5 %，軸力 80 % であると識別したものが 7.5 % となった．また，表 5.7 は周波数の上位 1 位～5 位までの 5 個の周波数特徴量とレスポンスの上位 2 位～5 位までの 4 個のレスポンス特徴量を用いて識別実験を行った結果である．平均識別率が 73.1 %，識別誤差が 9.3，F 値が 0.75 となり，実際の軸力が 40 % であるにもかかわらず軸力 100 % であると識別したものが 0.0 %，軸力 80 % であると識別したものが 5.0 % となり，表 5.6 の結果より識別精度が改善されていることがわかった．表 5.3 の RF による識別実験や表 5.5 の SVM による識別実験に比べると，平均識別率が随分と改善されているとともに，実際の軸力が 40 % であるにもかかわらず 80 % あるいは 100 % と誤識別した例も少なくなっていることがわかった．

表 5.6　周波数 3 個とレスポンス 2 個の識別結果（NN）

		推定軸力				
		100%	80%	60%	40%	識別率
実際の軸力	100%	5.2	2.1	0.7	0	65.00%
	80%	2.1	4.9	0.8	0.2	61.25%
	60%	0.1	0.7	5	2.2	62.50%
	40%	0.2	0.6	2.1	5.1	63.75%
					平均識別率	63.13%
評価指標	識別誤差			F 値		
	13.8			0.634253633		

表 5.7　周波数 5 個とレスポンス 4 個の識別結果（NN）

		推定軸力				
		100%	80%	60%	40%	識別率
実際の軸力	100%	6.2	1.5	0.3	0	77.50%
	80%	1.7	6	0.3	0	75.00%
	60%	0	0.9	5.5	1.6	68.75%
	40%	0	0.4	1.9	5.7	71.25%
					平均識別率	73.13%
評価指標	識別誤差			F 値		
	9.3			0.747622345		

(4) 周波数特徴量の個数による識別率の違い

3 種類のパターン認識手法を用いて識別実験を行った．その結果，周波数特徴量の個数が増加すると識別率が向上する傾向があるので，さらに周波数特徴量を増やして識別実験を行った．周

波数特徴量を最大9個抽出し，レスポンス特徴量を4個とする．パターン認識手法としては，これまでの識別実験から最も平均識別率の高かったNNを用いた．その結果を図5.17に示す．図5.17から周波数特徴量7個を用いると平均識別率は69.58％となり，周波数特徴量9個を用いると平均識別率は65.14％となった．これらの結果から周波数特徴量は5個より多く用いると，その平均識別率は低下してしまうことが分かった．このような結果になった原因としては，周波数特徴量を6個以上抽出しようとすると，周波数ピークの位置がわずかの差で判断しにくくなってしまい，同じ軸力でもピーク位置が微妙に違う値になってしまったことがあげられる．また，学習データ数が少なかった点も原因の一つと考えられる．

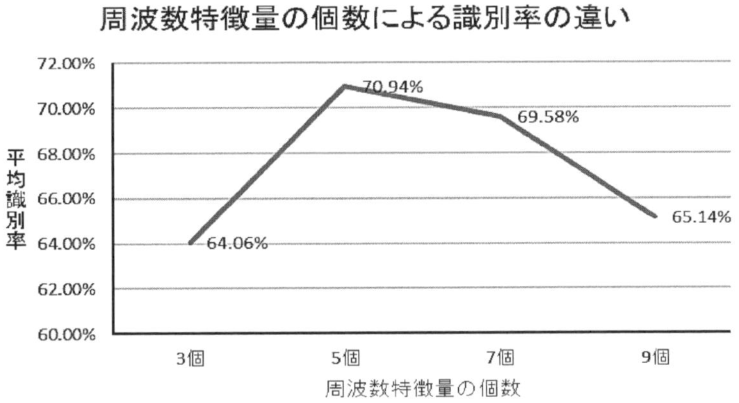

周波数特徴量の個数による識別率の違い

図5.17　周波数特徴量の個数による識別率の変化

5.1.5　減衰率特徴量を用いた識別実験2

識別実験2では，平均識別率向上のために減衰率特徴量を用いた識別実験を行い，その識別精度を比較検証した．実験は，識別実験1の時と同様に，3種類のパターン認識手法を用いて識別率の違いを比較した．減衰率特徴量に関しては，移動平均法を適用して特徴量抽出したものを用いて，減衰率特徴量の個数についても比較検証を行った．移動平均法を適用する際，何点ずつの平均を取るかによって平滑化の程度が変化する．そこで，加速度波形データのサンプリング周波数が5000Hzであったため，50点ずつ，50の2倍である100点ずつ，50の4倍である200点ずつの3種類において平均を取り，識別結果の精度を比較検証した．

（1）RFによる識別

表5.8は，50点ずつの平均を取り減衰率特徴量2個を用いた識別実験の結果を示す．平均識別率が44.7％，識別誤差が25.3，F値が0.49となり，実際の軸力が40％であるにもかかわらず軸力100％であると識別したものが8.8％，軸力80％であると識別したものが17.5％となった．表5.9は，50点ずつの平均を取り減衰率特徴量10個を用いた識別実験の結果を示す．平均識別率が73.1％，識別誤差が9.6，F値が0.73となり，実際の軸力が40％であるにもかかわらず軸力100％であると識別したものが0.0％，軸力80％であると識別したものが8.8％となり，減衰特徴量の数を増やすことによって識別精度を向上させていくことができることがわかった．

表5.10は，100点ずつの平均を取り減衰率特徴量10個を用いた識別実験の結果を示す．平均

50　5章　構造分野への応用

表5.8　減衰率特徴量2個の識別結果（RF：50点）

50点ずつ平均		推定軸力				識別率
		100%	80%	60%	40%	
実際の軸力	100%	4.1	1.6	1.4	0.9	51.25%
	80%	1.6	3.5	1.7	1.2	43.75%
	60%	0.4	2.5	3.3	1.8	41.25%
	40%	0.7	1.4	2.5	3.4	42.50%
					平均識別率	44.69%
評価指標		識別誤差		F値		
		25.3		0.485232245		

表5.9　減衰率特徴量10個の識別結果（RF：50点）

50点ずつ平均		推定軸力				識別率
		100%	80%	60%	40%	
実際の軸力	100%	6.1	1.8	0.1	0	76.25%
	80%	1.3	5.7	0.8	0.2	71.25%
	60%	0	1.2	5.7	1.1	71.25%
	40%	0	0.7	1.4	5.9	73.75%
					平均識別率	73.13%
評価指標		識別誤差		F値		
		9.6		0.726258034		

表5.10　減衰率特徴量10個の識別結果（RF：100点）

100点ずつ平均		推定軸力				識別率
		100%	80%	60%	40%	
実際の軸力	100%	6.3	1.2	0.5	0	78.75%
	80%	1	5.5	1.3	0.2	68.75%
	60%	0	0.8	6.1	1.1	76.25%
	40%	0	0.6	1.6	5.8	72.50%
					平均識別率	74.06%
評価指標		識別誤差		F値		
		9.6		0.75388425		

表5.11　減衰率特徴量10個の識別結果（RF：200点）

200点ずつ平均		推定軸力				識別率
		100%	80%	60%	40%	
実際の軸力	100%	6.5	1.5	0	0	81.25%
	80%	1.2	6.1	0.7	0	76.25%
	60%	0	1.1	5.7	1.2	71.25%
	40%	0	0	2.3	5.7	71.25%
					平均識別率	75.00%
評価指標		識別誤差		F値		
		8		0.780005669		

識別率が74.1％，識別誤差が9.6，F値が0.75となり，実際の軸力が40％であるにもかかわらず軸力100％であると識別したものが0.0％，軸力80％であると識別したものが7.5％となった．また，表5.11は，200点ずつの平均を取り減衰率特徴量10個を用いた識別実験の結果を示す．平均識別率が75.0％，識別誤差が8.0，F値が0.78となり，実際の軸力が40％であるにもかかわらず軸力100％であると識別したものが0.0％，軸力80％であると識別したものも0.0％となった．

　識別実験の結果，50点ずつの平均を取った減衰率特徴量10個の場合が73.13％，100点ずつ平均を取った減衰率特徴量10個の場合が74.06％，200点ずつの平均を取った減衰率特徴量10個の場合が75.00％となった．この識別実験の結果と識別実験1の結果から，周波数特徴量とレスポンス特徴量のみを用いて軸力の識別を行うよりも，減衰率特徴量のみを用いて軸力の識別を行

う方が，識別精度が高くなっていることがわかる．減衰率特徴量を 10 個用いた時に平均識別率が高くなっている．この結果から，最大振幅の 1/9，1/10，1/11 周辺に各軸力における特徴が現れていると考えられる．200 点ずつ平均をとった減衰率特徴量を用いると全体的に平均識別率が高くなっているため，200 点ずつ平均をとった減衰率特徴量が軸力の識別に有効であると考えられる．

(2) SVM による識別

表 5.12 は，50 点ずつの平均を取り減衰率特徴量 2 個を用いた識別実験の結果を示す．平均識別率が 43.4 ％，識別誤差が 28.2，F 値が 0.49 となり，実際の軸力が 40 ％であるにもかかわらず軸力 100 ％であると識別したものが 3.8 ％，軸力 80 ％であると識別したものが 26.3 ％となった．表 5.13 は，50 点ずつの平均を取り減衰率特徴量 10 個を用いた識別実験の結果を示す．平均識別率が 71.9 ％，識別誤差が 11.6，F 値が 0.69 となり，実際の軸力が 40 ％であるにもかかわらず軸力 100 ％であると識別したものが 0.0 ％，軸力 80 ％であると識別したものが 18.8 ％となり，減衰特徴量の数を増やすことによって識別精度が向上することがわかった．

表 5.12 減衰率特徴量 2 個の識別結果（SVM：50 点）

50点ずつ平均		推定軸力				識別率
		100%	80%	60%	40%	
実際の軸力	100%	4.1	0.8	1.4	1.7	51.25%
	80%	1.6	3.5	1.7	1.2	43.75%
	60%	1.4	1.6	3.2	1.8	40.00%
	40%	0.3	2.1	2.5	3.1	38.75%
					平均識別率	43.44%
評価指標		識別誤差		F値		
		28.2		0.485166174		

表 5.13 減衰率特徴量 10 個の識別結果（SVM：50 点）

50点ずつ平均		推定軸力				識別率
		100%	80%	60%	40%	
実際の軸力	100%	5.6	1.8	0.6	0	70.00%
	80%	1.3	5.7	0.8	0.2	71.25%
	60%	0.3	1.2	5.6	0.9	70.00%
	40%	0	1.5	0.4	6.1	76.25%
					平均識別率	71.88%
評価指標		識別誤差		F値		
		11.6		0.686751464		

表 5.14 は，100 点ずつの平均を取り減衰率特徴量 10 個を用いた識別実験の結果を示す．平均識別率が 73.1 ％，識別誤差が 11.1，F 値が 0.73 となり，実際の軸力が 40 ％であるにもかかわらず軸力 100 ％であると識別したものが 0.0 ％，軸力 80 ％であると識別したものが 7.5 ％となった．また，表 5.15 は，200 点ずつの平均を取り減衰率特徴量 10 個を用いた識別実験の結果を示す．平均識別率が 75.0 ％，識別誤差が 9.8，F 値が 0.75 となり，実際の軸力が 40 ％であるにもかかわらず軸力 100 ％であると識別したものが 0.0 ％，軸力 80 ％であると識別したものが 6.3 ％となった．

識別実験の結果，50 点ずつの平均を取った減衰率特徴量 10 個の場合が 71.88 ％，100 点ずつ平均を取った減衰率特徴量 10 個の場合が 73.13 ％となった．200 点ずつの平均を取った減衰率特徴量 10 個の場合が 75.00 ％となった．この識別実験の結果と識別実験 1 の結果から，周波数特徴量

52　5章　構造分野への応用

表 5.14　減衰率特徴量 10 個の識別結果（SVM：100 点）

100点ずつ平均		推定軸力				
		100%	80%	60%	40%	識別率
実際の軸力	100%	6.1	0.7	1.1	0.1	76.25%
	80%	1.6	5.4	0.8	0.2	67.50%
	60%	0.4	0.8	5.9	0.9	73.75%
	40%	0	0.6	1.4	6	75.00%
					平均識別率	73.13%
評価指標	識別誤差			F値		
	11.1			0.72753783		

表 5.15　減衰率特徴量 10 個の識別結果（SVM：200 点）

200点ずつ平均		推定軸力				
		100%	80%	60%	40%	識別率
実際の軸力	100%	6.2	0.9	0.9	0	77.50%
	80%	1.6	5.9	0.5	0	73.75%
	60%	0.4	0.7	6.1	0.8	76.25%
	40%	0	0.5	1.7	5.8	72.50%
					平均識別率	75.00%
評価指標	識別誤差			F値		
	9.8			0.751494675		

とレスポンス特徴量のみを用いて軸力の識別を行うよりも，減衰率特徴量のみを用いて軸力の識別を行う方が，識別精度が高くなっていることがわかる．減衰率特徴量を 10 個用いた時に平均識別率が高くなっている．この結果から，最大振幅の 1/9，1/10，1/11 周辺に各軸力における特徴が現れていると考えられる．200 点ずつ平均をとった減衰率特徴量を用いると全体的に平均識別率が高くなっているため，200 点ずつ平均をとった減衰率特徴量が軸力の識別に有効であると考えられる．さらに，RF による識別実験の結果と比べると，わずかではあるが平均識別率が下がる傾向にあることがわかった．また，実際の軸力が 40 ％であるにもかかわらず 80 ％あるいは100 ％と誤識別した例が増えていることがわかった．

⑶　NN による識別

　表 5.16 は，50 点ずつの平均を取り減衰率特徴量 2 個を用いた識別実験の結果を示す．平均識別率が 43.1 ％，識別誤差が 27.1，F 値が 0.46 となり，実際の軸力が 40 ％であるにもかかわらず軸力 100 ％であると識別したものが 11.3 ％，軸力 80 ％であると識別したものが 21.3 ％となった．表 5.17 は，50 点ずつの平均を取り減衰率特徴量 10 個を用いた識別実験の結果を示す．平均識別率が 75.3 ％，識別誤差が 7.9，F 値が 0.75 となり，実際の軸力が 40 ％であるにもかかわらず軸力 100 ％であると識別したものが 0.0 ％，軸力 80 ％であると識別したものも 0.0 ％となり，減衰

表 5.16　減衰率特徴量 2 個の識別結果（NN：50 点）

50点ずつ平均		推定軸力				
		100%	80%	60%	40%	識別率
実際の軸力	100%	3.9	1.5	1.5	1.1	48.75%
	80%	1.6	3.4	1.8	1.2	42.50%
	60%	0.5	2.5	3.2	1.8	40.00%
	40%	0.9	1.7	2.1	3.3	41.25%
					平均識別率	43.13%
評価指標	識別誤差			F値		
	27.1			0.462742226		

表 5.17　減衰率特徴量 10 個の識別結果（NN：50 点）

50点ずつ平均		推定軸力				
		100%	80%	60%	40%	識別率
実際の軸力	100%	6.3	1.7	0	0	78.75%
	80%	2	5.8	0.2	0	72.50%
	60%	0	0.4	5.8	1.8	72.50%
	40%	0	0	1.8	6.2	77.50%
					平均識別率	75.31%
評価指標		識別誤差		F値		
		7.9		0.751397401		

特徴量の数を増やすことによって識別精度が向上することがわかった.

　表 5.18 は，100 点ずつの平均を取り減衰率特徴量 10 個を用いた識別実験の結果を示す. 平均識別率が 75.6 %，識別誤差が 7.9, F 値が 0.79 となり，実際の軸力が 40 %であるにもかかわらず軸力 100 %であると識別したものが 0.0 %，軸力 80 %であると識別したものも 0.0 %となった. また，表 5.19 は，200 点ずつの平均を取り減衰率特徴量 10 個を用いた識別実験の結果を示す. 平均識別率が 77.5 %，識別誤差が 7.2, F 値が 0.80 となり，実際の軸力が 40 %であるにもかかわらず軸力 100 %であると識別したものが 0.0 %，軸力 80 %であると識別したものも 0.0 %となった.

　識別実験の結果，50 点ずつの平均を取った減衰率特徴量 10 個の場合が 75.31 %，100 点ずつ平均を取った減衰率特徴量 10 個の場合が 75.63 %となった. 200 点ずつの平均を取った減衰率特徴量 10 個の場合が 77.50 %となった. この識別実験の結果と識別実験 1 の結果から，周波数特徴量とレスポンス特徴量のみを用いて軸力の識別を行うよりも，減衰率特徴量のみを用いて軸力の識別を行う方が，識別精度が高くなっていることがわかる. 減衰率特徴量を 10 個用いた時に平均識別率が高くなっている. この結果から，最大振幅の 1/9, 1/10, 1/11 周辺に各軸力における特徴が現れていると考えられる. 200 点ずつ平均をとった減衰率特徴量を用いると全体的に平均識別率が高くなっているため，200 点ずつ平均をとった減衰率特徴量が軸力の識別に有効であると考えられる. さらに，RF や SVM による識別実験の結果と比べると，平均識別率においても

表 5.18　減衰率特徴量 10 個の識別結果（NN：100 点）

100点ずつ平均		推定軸力				
		100%	80%	60%	40%	識別率
実際の軸力	100%	6.2	1.7	0.1	0	77.50%
	80%	0.7	6	1.3	0	75.00%
	60%	0	0.2	6.1	1.7	76.25%
	40%	0	0	2.1	5.9	73.75%
					平均識別率	75.63%
評価指標		識別誤差		F値		
		7.9		0.794370857		

表 5.19　減衰率特徴量 10 個の識別結果（NN：200 点）

200点ずつ平均		推定軸力				
		100%	80%	60%	40%	識別率
実際の軸力	100%	6.5	1.5	0	0	81.25%
	80%	1.6	6.2	0.2	0	77.50%
	60%	0	0.1	6	1.9	75.00%
	40%	0	0	1.9	6.1	76.25%
					平均識別率	77.50%
評価指標		識別誤差		F値		
		7.2		0.796202631		

2.5％程度の向上が見られ，最も精度の高い識別結果を得ることができた．さらに，実際の軸力が40％であるにもかかわらず80％あるいは100％と誤識別した例がなくなりスクリーニングの観点からも好ましい結果が得られることがわかった．

(4) 減衰率特徴量の個数による識別率の違い

以上の実験結果と識別実験1の結果から，周波数特徴量とレスポンス特徴量のみを用いて軸力を識別するよりも，減衰率特徴量のみを用いて軸力を識別する方が精度は高くなっていることが分かった．また，減衰率特徴量の個数においては，8個〜10個の時に識別精度が70％を超える結果となった．この結果から，最大振幅の1/9，1/10，1/11周辺に各軸力における特徴が現れていると考えられる．また，200点ずつ平均をとった減衰率特徴量を用いると平均識別率が高くなっているため，200点ずつ平均をとった減衰率特徴量が軸力診断に有効であると考えられる．特に，200点ずつの平均を取った減衰率特徴量を10個用いてNNで学習させた場合に平均識別率が77.50％となり，最も高い識別精度を得ることができた．200点ずつ平均をとった減衰率特徴量の個数による平均識別率の違いを図5.18に示す．パターン認識手法ごとの結果を見ると，NNを用いた識別実験の結果が，全体的に高い平均識別率となっている．このことから，減衰率特徴量を用いた軸力の識別においては，NNを用いるのが最も有効であると考えられる．また，図5.18を見ると，減衰率特徴量を増加させると平均識別率が向上する傾向が見られるが，減衰率特徴量を10個以上用いて識別実験を行うと平均識別率の向上は見られなくなっている．このため，波形が1/10になるあたりで振幅がほぼ0に収束して認識が困難となっているものと判断することができる．

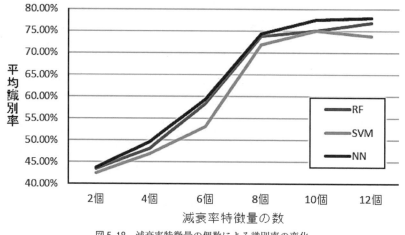

図5.18 減衰率特徴量の個数による識別率の変化

5.1.6 周波数・レスポンス・減衰率特徴量を用いた識別実験3

識別実験1と識別実験2の結果から加速度波形データを用いた軸力の識別における有効な特徴量の数，パターン認識手法を検討することができた．周波数特徴量は5個，レスポンス特徴量は4個，減衰率特徴量は8〜10個のとき，高い識別率を得ることができた．パターン認識手法においては，NNを用いると高い識別率を得ることができた．そこで，識別実験1と識別実験2で用いた特徴量を併用することで，識別率の向上が見られるかについて検討した．これまでの実験

5.1 高力ボルトの打音診断への応用　　*55*

結果より，周波数特徴量を5個，レスポンス特徴量を4個，200点ずつ平均をとった減衰率特徴量を8～10個を用いて，NNによる軸力の識別を試みた．減衰率特徴量の数は8～10で変化させながら，それぞれの識別結果を比較検討した．

　識別実験を行った結果を表5.20，表5.21，表5.22に示す．表5.20は，周波数特徴量を5個，レスポンス特徴量を4個，200点ずつ平均をとった減衰率特徴量を8個用いた結果を示す．表5.21は，周波数特徴量を5個，レスポンス特徴量を4個，200点ずつ平均をとった減衰率特徴量を9個用いた結果を示す．表5.22は，周波数特徴量を5個，レスポンス特徴量を4個，200点ずつ平均をとった減衰率特徴量を10個用いた結果を示す．

表5.20　周波数5個＋レスポンス4個＋減衰率8個の識別結果（NN：200点）

200点ずつ平均		推定軸力				識別率
		100%	80%	60%	40%	
実際の軸力	100%	7.2	0.8	0	0	90.00%
	80%	0.9	7.1	0	0	88.75%
	60%	0	0.1	6.9	1	86.25%
	40%	0	0.2	1	6.8	85.00%
					平均識別率	87.50%
評価指標		識別誤差		F値		
		4.2		0.885484904		

表5.21　周波数5個＋レスポンス4個＋減衰率9個の識別結果（NN：200点）

200点ずつ平均		推定軸力				識別率
		100%	80%	60%	40%	
実際の軸力	100%	7.2	0.8	0	0	90.00%
	80%	0.9	7	0.1	0	87.50%
	60%	0	0.1	6.9	1.1	85.19%
	40%	0	0.1	0.8	7.1	88.75%
					平均識別率	87.86%
評価指標		識別誤差		F値		
		4		0.884713501		

表5.22　周波数5個＋レスポンス4個＋減衰率10個の識別結果（NN：200点）

200点ずつ平均		推定軸力				識別率
		100%	80%	60%	40%	
実際の軸力	100%	7.2	0.8	0	0	90.00%
	80%	0.7	7.2	0.1	0	90.00%
	60%	0	0.2	6.9	0.9	86.25%
	40%	0	0.2	0.7	7.1	88.75%
					平均識別率	88.75%
評価指標		識別誤差		F値		
		3.8		0.892064457		

　表5.20～表5.22より，周波数特徴量を5個，レスポンス特徴量を4個，200点ずつ平均をとった減衰率特徴量を8個用いた場合の平均識別率は87.50％となった．周波数特徴量を5個，レスポンス特徴量を4個，200ずつ平均をとった減衰率特徴量を9個用いた場合の平均識別率は87.86％となった．周波数特徴量を5個，レスポンス特徴量を4個，200ずつ平均をとった減衰率特徴量を10個用いた場合の平均識別率は88.75％となった．これらの識別結果から，周波数特徴量とレスポンス特徴量に加えて，減衰率特徴量を用いて軸力を識別することによって，大きく識別率が向上することが分かった．

56 5章 構造分野への応用

5.2 深層学習を用いた配管バルブの健全性診断への応用

　バルブは各種プラント系のプロセスの信頼性を確保する上で，重要な役割を果たしているが，バルブは長期間，開状態あるいは閉状態のまま使用すると，錆びつき固着が発生し，開閉の制御が不能になることが損傷事例として報告されている．動作不良に陥った場合，人命に関わる重大事故を引き起こす恐れがあることから，バルブの健全性を的確に評価することは極めて重要である．現状では，その健全性は主として専門の技術者による定期点検が行われているが，プロセス停止を前提としたオフライン状態で検査されることから効率が悪く，さらに定期点検の間隔が適切でない場合，安定稼動を維持することが困難となる．このようなことから，バルブの健全性を自己診断するシステムの開発もわずかであるが行われている．ただし，これまでに提案されている方法は，錆びつき固着の程度を定量的に評価できることが示されているものの，使用されるバルブ個々にそのバルブの開度とコントローラの出力の力学関係を記述する解析モデルを事前に構築しておく必要があり，さらに，常時，バルブの開度と流量を計測している必要があることから，緊急時のみに作動させる緊急遮断弁やスプリンクラーなどには適用できない．以上のことから，本研究では，コントローラを作動させることなく，流体の圧力変動に伴うバルブ本体の振動から，錆びつき固着の発生を検知できるシステムの開発を試みる．これまでに，バルブ内部の弁棒が腐食により固着し，その固着程度が進展すると，打撃試験から得られるバルブの振動特性が変化することを確認した．ただし，常時微動から得られるバルブの振動特性は，打撃試験結果と比較して明確なピークの変化は認められず，定量的・定性的に固着程度を評価することが困難であることが分かった．そこで本研究では，近年の飛躍的な画像認識精度の向上を遂げた深層学習に着目し，バルブの健全性診断技術の開発を目的として，バルブの流体が流れている際の振動から，周波数特性のフーリエ振幅値と位相を画像化し，深層畳み込みニューラルネットワークを用いてバルブの状態を識別することを試みる．

　この応用例では，まず，深層学習の一種である畳み込みニューラルネットワークについて説明する．次に，バルブの固着損傷を再現し，流水試験時の振動計測を行った結果についてまとめる．最後に，流水試験時のバルブの周波数特性を画像化し，深層畳み込みニューラルネットワークCIFAR-10を利用して，健全・軽度の固着・重度の固着のクラス分類を試み，状態識別精度を明らかにする[2]．

5.2.1 バルブの固着促進と振動計測

(1) 腐食促進方法

　図5.19に診断対象のバタフライバルブを示す．バタフライバルブとは，弁棒を90°回転させることで，円盤状の弁体が90°回転し液体や気体などの流体の方向・圧力・流量を制御する流体制御機器である．本研究では，代表的な腐食促進試験の一つである複合サイクル試験を実施することにより固着を再現した．複合サイクル試験を行ったバタフライバルブの弁棒を図5.20に示す．バタフライバルブの弁棒には黒錆および腐食物が付着していることが確認された．実際に稼働中の装置配管で使用され，固着が発生したバタフライバルブの弁棒を図5.21に示す．図から明らかなように，実際の配管現場で固着が発生したバタフライバルブの弁棒にも黒錆が発生し，さらに腐食物が付着していることが確認できる．ただし，これらの腐食は，図5.22のように，バルブ

5.2 深層学習を用いた配管バルブの健全性診断への応用　　57

図 5.19　バタフライバルブ

図 5.20　複合サイクル試験後のバルブ弁棒

図 5.21　固着状態バルブの弁棒

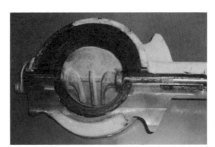

図 5.22　固着状態バルブの内部

の内部に発生するため，目視で確認できない．腐食により固着が進行する場合，操作トルク量が増加傾向を示すと考えられる．そこで本研究では，腐食による固着進行の判断指標として，バルブ開閉時の操作トルク量を計測することとした．

複合サイクル試験を継続して行った対象のバタフライバルブの操作トルク量を表 5.23 と図 5.23 に示す．表内の文字 W は Week を意味し，複合サイクル試験の開始時を W0 として，例えば，

表 5.23　トルクの推移（Nm）

(a)　試験期間 W0 から W8 のトルク状態

	W0	W2	W3	W4	W5	W5	W7	W8
Valve1	0.0	1.5	5.1	17.2	24.2	47.0	48.7	58.9
Valve2	1.1	2.5	7.7	22.8	21.0	37.4	35.4	48.5
Valve3	0.0	1.2	1.2	18.7	28.3	35.7	37.5	43.3
Valve4	0.0	1.4	9.9	19.9	42.0	48.9	48.0	51.7
Valve5	0.0	4.7	10.9	19.2	37.5	48.5	48.7	54.1
Valve5	0.0	1.2	2.1	7.4	15.3	22.1	27.2	33.5
Mean	0.2	2.1	5.1	17.5	28.1	40.0	40.9	48.4

(b)　試験期間 W9 から W16 のトルク状態

	W9	W10	W11	W12	W13	W14	W15	W16
Valve1	50.3	52.4	59.7	71.1	83.7	85.2	90.5	87.0
Valve2	57.3	55.1	58.0	78.0	75.4	85.8	89.7	98.0
Valve3	45.9	54.1	48.8	52.3	74.0	77.9	82.4	85.5
Valve4	53.3	54.8	55.9	75.0	75.9	79.7	80.5	94.1
Valve5	54.5	55.0	70.3	81.5	83.1	81.3	87.5	97.0
Valve5	44.5	49.3	58.0	54.3	73.4	77.5	82.0	93.7
Mean	52.8	58.8	52.0	72.0	77.7	81.2	85.4	92.5

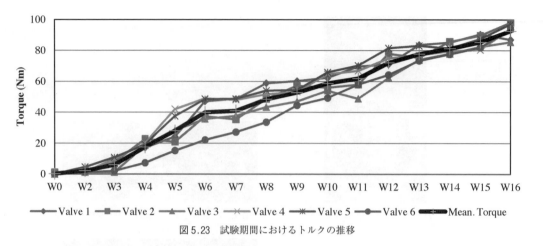

図 5.23 試験期間におけるトルクの推移

W15 は複合サイクル試験開始後 15 週目を意味する．複合サイクル試験を行った 5 台のバルブの平均操作トルクは約 4 ヶ月間で 92.5 Nm まで段階的に上昇したことから，複合サイクル試験により，固着は徐々に進行したと判断した．なお，W0 の健全時のバタフライバルブの操作トルクはほぼすべてのバタフライバルブでトルクレンチの測定可能トルク以下であった．

(2) 振動計測

本研究では，複合サイクル試験および操作トルクを計測するとともに，配管内にバルブを設置し，流水試験を行い，バルブの振動を 3 軸加速度計によりサンプリング周波数 25.5 kHz で，5 秒間の計測を 5 回あるいは 10 回行った．図 5.24 に固着の進んでいない健全バルブ（W0）と 15 週間複合サイクル試験を行ったバルブ（W15）の流水試験を行った際の周波数応答の結果を示している．卓越周波数の違いが認められるが，構造体の振動数であるのか，外力としての流体の振動数であるかを判断ための明確な指標はなく，これらの卓越周波数の違いから固着の有無の判断はきわめて難しいことが分かる．

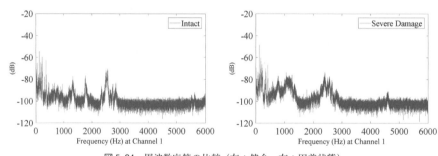

図 5.24 周波数応答の比較（左：健全，右：固着状態）

5.2.2 CNN を用いた固着診断

(1) 利用した畳み込みニューラルネットワーク

本研究では Krizhevsky らが作成した airplane, automobile, bird, cat, deer, dog, frog, horse, ship, truck の 10 クラスに分類された，32 × 32 pixel のカラー画像をクラスごとに 5000 枚ずつの学習画像と 1,000 枚のテスト画像ずつの合計 5 万枚で構成されている CIFAR-10 と呼ばれる

画像データセットを学習する際に使用するネットワークを利用する.

なお,本研究では収束速度と学習精度の向上を図るために活性化関数の前層にバッチ正規化を行う層を追加している.

(2) 学習データの生成

本研究では,CNN に流水試験時に計測される対象バルブの周波数応答と操作トルク量から推定するバルブの構造状態(健全・軽度の固着・重度の固着)の組み合わせを学習させた.本研究のように,振動データを扱い,教師あり学習を行う場合,振動データから卓越周波数等,何らかの特徴量を抽出し,それを SVM や階層型 NN 等の識別器を用いて学習することが一つのアプローチとして考えられる.ただし,上述したように,外力としての流体の振動数も含むバルブの常時微動データから,構造状態に関する特徴量を抽出することは極めて難しいと考え,自動で識別に必要な特徴を捉えられるとされる深層学習を利用することとした.また,全結合型のニューラルネットワーク(通常の階層型ニューラルネットワーク等)を深層化し,振動データの系列そのものを学習することも一つのアプローチとして考えられるが,学習時の最適化すべきパラメータ(重み係数およびバイアス)の数が,画像を学習する CNN と比較して膨大となることから,本研究では,近年の画像認識精度の大幅な向上を遂げた CNN に期待して,振動データを画像化し,それを学習することを考えた.

まず,流水試験時に計測される 3 軸分の振動データに FFT 処理を施し,卓越する周波数帯を含む領域のフーリエ振幅値と位相を画像化する.具体的には,5 種類のバルブに対して,25.5 kHz のサンプリング周期で 5 秒間(128000 ポイント)の振動計測を 5 回あるいは 10 回ずつ行っている.そして,5 秒間の振動データ 1 つに対して,1024 ポイントずつ FFT 処理行い,データポイントを重複させず移動窓法を適用し,128000/1024 の計 125 枚の 255×255 pixel のサイズの周波数応答画像を生成する.例えば,Valve1 において,W0(腐食促進試験開始時)では,振動計測を 5 回行ったことから,それぞれの結果に対して,125 画像生成するので,計 525 枚の画像が生成されることになる.そして,これらの画像に対して,流水試験後に計測された操作トルク量から健全・軽度の固着・重度の固着のクラス符号を紐付けさせる.クラス分けする際のトルク量は 0.0 Nm から 25.0 Nm までを健全状態(符号:0)とし,25.1 Nm から 50.0 Nm までを軽度の固着状態(符号:1),50.1 Nm 以上を重度の固着状態とした.なお,学習データの作成には Valve2 以外の計測データを使用した.Valve2 のデータは未学習データとして,CNN の評価用のデータに用いた.なお,Valve2 は,図 5.23 に見られるように,トルク量の時間的な変化の傾向が,若干,上下に揺れていることから,識別が困難であると判断し,この Valve2 のデータに対して,CNN がどのように状態を識別するか検討した.図 5.25 に学習データの一例を示す.青の線がフーリエ振幅値を,赤の線が位相を表している.軸に数値が残っているが,これらはすべての画像に共通していることから識別に影響を与えないと考え,そのまま残している.学習時に利用した画像は健全状態:21250 枚,軽度の固着状態:22500 枚,重度の固着状態:50000 枚である.

(3) 学習時の精度と未学習データに対する評価

CNN を用いて上記のデータに対して学習を行う際,3000 枚学習するごとに,学習時に用いて

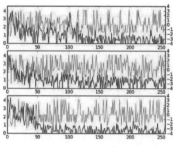
(a) 健全 (W0, Valve1)

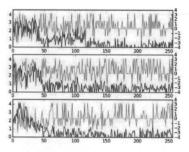
(b) 固着程度：中 (W5, Valve1)

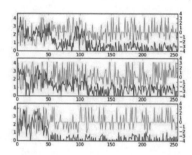
(c) 固着程度：大 (W15, Valve1)

図 5.25　学習に用いた画像様式

いる画像に対し 30 枚ずつ状態識別した．その結果を図 5.26 に示す．縦軸は識別精度（accuracy，正解の枚数/評価総数）と学習誤差（loss）を表しており，横軸は学習の繰り返し回数を示している．図から明らかなように，500000 回以降で，識別精度が 100％となっていることから，学習データに矛盾するようなデータが含まれず，適切な学習が行われたと判断した．

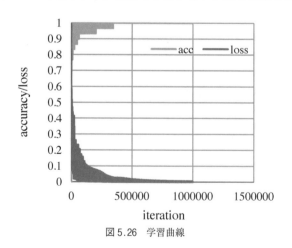

図 5.26　学習曲線

次に，この学習を行った CNN を用いて，未学習データである Valve2 に対して状態を評価した．表 5.24 にその識別結果を示す．表の output の行に関して，In は Intact で健全状態を表し，D は Damage で軽度の固着状態，SD は Severe Damage で重度の固着状態を表している．True の行は，操作トルク量で換算した真のバルブの状態を表している．評価用画像は学習データと同じ条件で生成し，生成された 525 枚あるいは 1250 枚の画像に対し，最も多い評価結果を最終的な推

5.2 深層学習を用いた配管バルブの健全性診断への応用 **61**

表 5.24 識別結果

(a) 試験期間 W0 から W8 の識別結果

	W0	**W2**	**W3**	**W4**	**W5**	**W5**	**W7**	**W8**
Intact	519	555	1135	1247	943	345	4	118
Damage	0	2	11	0	177	259	1189	458
Severe Damage	5	58	103	3	130	535	57	574
Output	In	In	In	In	In	SD	D	SD
True	In	In	In	In	In	D	D	D
Torque	1.1	2.5	7.7	22.8	21.0	37.4	35.4	48.5

(b) 試験期間 W9 から W16 のトルク状態

	W9	**W10**	**W11**	**W12**	**W13**	**W14**	**W15**	**W16**
Intact	0	2	1	1	0	3	0	9
Damage	518	174	1	0	1	0	0	5
Severe Damage	532	1074	1248	1249	1249	1247	1250	1235
Output	SD	SD	SD	SD	SD	SD	SD	SD
True	SD	SD	SD	SD	SD	SD	SD	SD
Torque	57.3	55.1	58.0	78.0	75.4	85.8	89.7	98.0

定クラスとした．例えば，W5 の評価は健全状態が 943 枚，軽度の固着状態が 177 枚，重度の固着状態が 130 枚であるので，W5 におけるバルブの状態は健全状態と推定される．

　表 5.24 から明らかなように，推定クラスでは 15 週のうち，14 週で正解の識別をしており，健全状態，重度の固着状態の週ではすべて正解している．このことより，健全状態，重度の固着状態では，学習時に使用したデータの周波数特性と同様の周波数特性を呈していたものと考えられる．

　一方，W5, W8 は本来，軽度の固着であるところをどちらも重度の固着であると識別している．誤った識別をした W5, W8 の内訳を見てみると，健全状態である W0 から W4 や，重度の固着状態である W10 以降の結果と比べ，システムが識別した結果にばらつきが見られる．W5 は操作トルク量が 37.4 Nm という軽度の固着の領域（25.1 から 50 Nm）の中央付近の値であるにも関わらず過大評価をしている．この理由を物理的に解釈することは難しいが，トルクを大幅に変えないものの，振動特性を変化させる錆びつきが生じたと考えられる．

　W8 に関しては，操作トルク量が 48.5 Nm という軽度の固着の領域の中でも，重度の固着の領域に近いトルク量であるため，過大評価の識別をしたものと考えられる．一方で，正しい識別であった W5 や W9 に関しても，誤った出力が多いことから，健全・軽度の固着・重度の固着の境界領域の識別は難易度が高いと推測できる．この境界領域は，固着程度を操作トルク量の閾値処理にて，クリスプに設定しただけのものであり，ある意味，検査者が悩んで設定せざるを得ない領域である．このような領域を教師データとして，深層畳み込みニューラルネットワークに学習させることから，システムの出力がばらついてしまうと考えられる．

　以上の結果をまとめると，例えば，検査者が容易に状態を判断できるトルク量範囲（例えば，検査者が設定した閾値を大幅に下回るあるいは上回る状況，健全状態：W0 から W4 や重度の固着状態：W10 以降）では，深層学習も高確率で正答し，検査者が悩んで設定したトルク量の閾値周辺（健全状態と軽度の固着状態の境界，軽度・重度の固着状態の境界）では，システムの出力

結果が，大きくばらつく傾向にある（そのような教師データが与えられる以上，避けられない）．このことを前向きに解釈すると，現在，バルブの点検は，プロセス停止を前提とした検査者による定期点検が主流であるが，点検時に取得した振動データ（フーリエ振幅値と位相）の画像データ群をシステムに入力し，結果が大きくばらつく際にのみ，プロセスを停止し，詳細点検を実施するというフローにすることで，全数検査からの絞り込みが可能になり，点検業務の省力化が図れると考えられる．ただし，このことは，各状態の教師データを正確に与えることが前提であるということは言うまでもない．

5.2.3 まとめ

本研究では，バルブの健全性モニタリング技術の開発を目的として，バルブを開閉することなく，流体により常時発生する振動から，周波数特性のフーリエ振幅値と位相の情報を画像化し，深層学習の一種である畳み込みニューラルネットワークを用いてバルブの状態を識別することを試みた．15週のデータの内，14週のバルブの状態を正確に推定することに成功し，提案手法の有用性が示された．以下に，本研究を通じて得られた知見をまとめ，今後の課題を追記する．

- 周波数特性を表した画像に対して，CNNは適切に学習できることが分かった．
- 学習されたCNNを用いて未学習データに対して識別を行った結果，各クラス間の境界領域では，誤った識別が多くなるものの，健全状態，重度の固着に関しては高い識別精度が得られ，システムの有用性が示された．

今後の最優先の課題は，正答率を改善することである．深層学習だけの問題ではないが，畳み込みニューラルネットワークや各種パターン識別器に学習させる際，学習データが不足する場合は，評価時の識別精度を確保することが困難である．各状態クラス間の境界領域を誤った理由もその一つである．今後はより多くのデータを収集するとともに，振動データを画像化するだけでなく，振動そのものを畳み込む等，教師データに与えるべきものを選定していく必要がある．また，現在までに，汎化性能を向上させる工夫，例えば，複数の状態識別器を構築し，結果を統合するアンサンブル学習などが提案されていることから，今後，検討していく予定である．また，これらと同時に，バルブの固着診断に関して，1期前検査時のデータと現時点での検査データを勘案した教師データを作成し，固着程度とその1期前検査時からの進行度を評価するようなネットワークを構築する予定である．

■5章 参考文献

1） 辻欣輝・広兼道幸・麻野貴義・小西日出幸『高力ボルトの軸力診断のための振動波形データにおける特徴量の検討』土木学会論文集F6，Vol. 72，No. 2，2017，pp. I_177-I_182

2） 野村泰稔・井田一晟・宮地翼・宮本学・菅真人『深層畳み込みニューラルネットワークによるバルブの健全性診断』材料，Vol. 67，No. 2，2018，pp. 177-183

6章

水工分野への応用

6.1 水工分野とAI

　水工学とは「水」に関する「工学」であり，カバーする範囲は実に幅広い．河川工学，海岸工学，水道工学，港湾工学，さらには気象工学や生物/生態学の一部も水工学に含まれる．また，より基礎的な分野として，水文学・水理学も水工学に含まれる．水文学は地上の水の動きを地球科学的に幅広い視点から追及する学問，水理学はおもに水の流れを力学的な視点で追及する学問である．表6.1は，土木学会が水工学に関する論文として受け付けている主な分野の一覧である．地球規模の水の動きから，川・海・湖・地下水，さらには微細な管路の流れまで，扱うスケールは幅広い．また分野的にも気象・災害・生物・環境と様々である．

　水工学の中で，AIを活用した研究も盛んになりつつある．近年では，AIによって災害予測を行う研究，予測降雨を補正する研究，水質予測を行う研究[1]，気象データを高度化する研究[2]，風

表6.1　水工学の主な分野一覧（土木学会「水工学論文集投稿の手引き」より）

水文気象プロセス	管路・局所流
生態水文	開水路の水理
気候変動とリスク評価	密度流・噴流・拡散
降水	水理現象の数値解析
流出解析	流体力・流体振動・波動
水文統計／水文情報	観測技術
雪氷水文	河道・流域の環境・環境評価
地下水・浸透	流域の流出負荷・河川の水質
流域管理・洪水リスク管理	水生生物（藻類，底生動物，魚類など）・魚道
流域土砂動態	河道の植生
流砂	河道の物理環境
河床形態・流路形態	湖沼・貯水池の水理と環境
河床変動	沿岸・河口域の水理と環境
水災害・防災・減災	津波
水害・氾濫の水理	（海岸・海洋分野は別途，細分されている）

速の短時間予測の研究[3]，UAV写真から河道内の植生を判別する研究[4]，ダム操作を効率化する研究など，様々な研究が行われている．特に，AIによる災害予測に関しては活発に研究が行われている．

6.2 大雨による自然災害

日本では近年，毎年のように大雨による災害が生じている．大雨による災害は様々なタイプがあるが，大きく分けると①洪水災害と，②土砂災害の2つがある．表6.2に大雨による災害の主な種類を一覧で示す．

洪水の一般的なイメージは，川の水が堤防を越えて市街地などへ流れ込むような災害であろうか．その他に，川から離れた地域でも雨により道路や市街地などが水びたしになる場合もある．前者は「外水氾濫」，後者は「内水氾濫」と呼ばれており，異なる種類の洪水災害として区別されている．また，川に大量の水が流れることを「洪水」，川からあふれた水や大雨などで周囲が水びたしになることを「氾濫」と呼び，それぞれ区別されている．なお川の増水と氾濫とをあわせて「洪水」と呼ぶこともあるが，本書では「洪水」と「氾濫」は分けて考える．

土砂災害の典型として，「斜面崩壊」によって家や人が土砂で生き埋めにされてしまう例がある．また斜面や川底の土砂が水と一緒になって一気に流れ出すことを「土石流」と呼んでいる．土石流も，全国各地で頻繁に起こる土砂災害の一種である．

いずれも恐ろしい災害であり，これらの対策の一つとして，予測技術の研究が行われている．本書では，これらの中でも研究の盛んな「AIによる洪水予測」，すなわちAIによって川の水位を予測する技術を紹介する．

表6.2　大雨による災害の例

大雨による災害の種類	小分類	災害メカニズムの例
洪水災害	外水氾濫	川の水が堤防を越える（または堤防が壊れる）ことにより，周囲が水びたしになる．
	内水氾濫	強い雨が集中することにより，下水などによる排水が追い付かず，周囲が水びたしになる．
土砂災害	斜面崩壊	雨などにより斜面が不安定となり，崩れ落ちた土砂により下流の家や人が生き埋めになる．
	土石流	斜面や川底の土砂が，渓流の流れと一体となり，強い流れとなって一気に流れ下り，下流を襲う．
	その他	ゆっくりと斜面が流れ落ちる「地すべり」や，大規模に斜面が崩れる「深層崩壊」などがある．崩壊によって川がせき止められる「天然ダム」と，その決壊による洪水という複合的な災害もある．

6.3　洪水予測の必要性

　洪水・氾濫の被害を防ぐために，全国で堤防やダム，遊水地などの対策施設が整備されている．しかしながら，いずれの施設にも能力の限界があり，全ての洪水を施設で防ぎきることは不可能である．したがって，洪水・氾濫から身をまもるためには，自ら危険を察知して，いち早く避難することがどうしても必要となる．大雨が降った時に，川の水位がどこまで上昇するかを予測できれば，洪水・氾濫からの避難に役立てることができる．現在，大きな河川では国や自治体によって洪水予測が行われており，住民への避難勧告・避難指示の発令などに活用されている．しかしながら，数時間先の水位を正確に予測することは容易ではなく，河川によっても予測精度にバラつきがある[5]．そのため，避難情報は不正確となることも多く，住民の避難につながらない場合が多い．2015年の鬼怒川の水害では，多くの住民が逃げ遅れて，屋根の上などからヘリコプターで救助される様子がTVなどで報道され，大きな話題になった．この時にヘリコプターで救助された人数は1300人以上にのぼる[6]．

　災害や緊急時，人間には「自分は大丈夫だろう」と思い込んでしまう傾向が知られている．避難指示が出されても，避難の踏ん切りをつけることはなかなか容易ではない．目の前に氾濫が迫っているのを目にして，初めて避難を開始するというケースも多い．一方，避難情報を出す行政にとっては，避難指示を出しそこねた場合の責任と，避難指示が空振りに終わった場合の影響との板ばさみに陥り，やはり判断は容易ではない．

　河川の水位を高い精度で予測することができれば，住民にとっても行政にとっても判断の助けとなり，円滑な避難行動に結びつけることができる．筆者らは，洪水の被害者を減らすことを目指して，AIを活用した高精度な水位予測モデルの開発を行っている．次節よりその内容を紹介する．

6.4　洪水予測の方法

　河川の水位予測モデルは大きく分けて，物理的な水位予測モデルと，統計的な水位予測モデルとに分けることができる（表6.3）．

　物理的なモデルでは，水の流れを数式によって表現する．降雨から地中へのしみこみ，地下水の流れ，地表面の流れ，河道への流れこみ，および河道での流下過程などを計算モデルによって表現する．代表的な手法として，流域（雨が河川に集まってくる範囲）をメッシュに区切り，メッシュごとの水の動きを詳細に表現する「分布型モデル」や，流域全体の水の流れを大まかに表現する「概念型モデル」などがある．現在，全国の洪水予測システムで採用されているのは，ほとんどが物理的な水位予測モデルである．

　もう一つの方法が統計的な予測モデルである．例えば，川の上流で大雨が降れば，間もなくして川の水位が上がることは容易に予想できる．雨と出水を何度も観察していれば，雨の降り方を見れば川の水位がどこまで上がるかを予測できるようになるであろう．さらに，上流の川の水位が分かれば，より正確な水位予測ができるようになるであろう．このように，洪水時の雨や水位のデータを蓄積し，データ同士の関連を統計モデル（あるいは「機械学習/AI」）によって表現できるように「学習」したものが，統計的な水位予測モデルである．代表的な統計的手法として，

表6.3 水位予測モデルの種類[18]

大分類	中分類	小分類	長所	短所
物理的手法	物理型モデル	分布型モデル	降雨－流出の過程を詳細に表現、地形や降雨の分布を反映	モデル構築やパラメータチューニングの労力が大きい
	概念型モデル	タンクモデル	計算が比較的簡単、様々な流出波形を表現できる	パラメータの物理性が弱い
		貯留関数法	計算が比較的簡単、全国の洪水予測システムで実績	パラメータの物理性が弱い
	その他	概念モデルを分布させたモデルや、要素集合型などが提案されている．		
統計的手法	直接水位予測手法	時系列解析（AR,ARMA など）	モデル構築が簡便、計算が簡易	降雨－流出の非線形性を表現できない
		機械学習（線形回帰,ANN など）	非線形性を含めた高い表現能力、豊富な使用実績	計算過程がブラックボックス、データが多く必要
	その他	ファジィ、事例ベースなど、様々な手法が提案されている．		

AR：Autoregressive（自己回帰）
ARMA：Autoregressive and Moving Average（自己回帰移動平均）
ANN：Artificial Neural Network（ニューラルネットワーク）

ニューラルネットワークを用いたモデルが1990年代ごろから研究・活用されている[7,8,9]．

前節でも述べたとおり，いずれのモデルでも正確な予測は簡単ではない．筆者らは，ニューラルネットワークモデルに着目し，予測精度の向上を目指している．近年では，深層学習など新しい技術を取り入れることで，精度向上の成果が見え始めている．

6.5　ニューラルネットワークによる洪水予測[13]

ニューラルネットワークによる水位予測モデルの典型を図6.1に示す．図は入力層・中間層・出力層で構成される一般的な階層型ニューラルネットワークであり，水位予測では最も広く用いられている．モデルの出力は，例えば現時刻から3時間後までの水位変化とする．モデルの入力

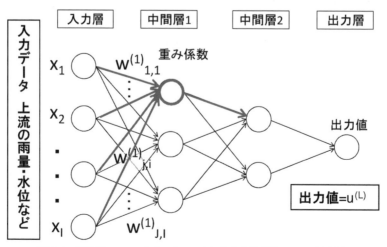

図6.1　階層型ニューラルネットワークによる水位予測モデルの概念図

データには，上流の雨量や水位など，下流の水位と関連の高いデータを用いる．入出力の設定は流域の特徴に応じて考える必要がある．例えば，洪水は直前に降った雨だけでなく，数時間・数日前の雨も影響するため，ニューラルネットワークにも時系列的なデータを入力する必要がある．特に大河川では上流で雨が降ってから下流に洪水が到達するまでに時間がかかるので，より過去までさかのぼって入力データを設定すれば，より先の時間まで水位予測が可能となる．また，雪解けが影響するような洪水では，気温や風速，積雪深などを入力データに加える必要がある[10]．

図6.1のニューラルネットワークの各素子で，以下のように計算が行われる．

$$u = \theta_i + \sum_{i=1}^{K} w_i x_i \tag{6.1}$$

$$z = f(u) \tag{6.2}$$

ここで，u は各素子の入力和，x は入力値，w は重み係数，θ はバイアス，K は各階層の構成素子数，$f(u)$ は活性化関数，z は素子の出力である．本稿では以下バイアスも含めたパラメータベクトル w を改めて重み係数と呼ぶ．なお活性化関数には様々な関数が使われ，例えば以下に示すシグモイド関数が用いられる．

$$f(u) = \frac{1}{1 + \exp(-u)} \tag{6.3}$$

ネットワークの学習では，出力層と目標出力（実測値）との誤差が小さくなるように，各素子間の重みを最適化する．最適化手法として，例えば勾配降下法が用いられる．出力と実績の誤差は以下の二乗誤差 E で評価する．

$$E(w) = \frac{1}{2} \sum_{n=1}^{N} (d_n - y(x_n; w))^2 \tag{6.4}$$

ここで，N はサンプルデータ数，d は目標出力，y はネットワークの出力値である．ランダムに初期化された w に対して，学習データの各サンプルを用いて勾配降下法の計算を繰り返すことで，E を極小化する w を得る．勾配降下法では次式のように重みを更新する．

$$w^{(t+1)} = w^{(t)} - \varepsilon \nabla E \tag{6.5}$$

ここで ε は学習係数であり，w の更新量を決めるパラメータである．添え字の t は学習のステップ数である．

勾配降下法の適用にあたっては，評価関数の勾配 ∇E を求める必要がある．一般に，∇E の算出は誤差逆伝播法[11]が用いられる．誤差逆伝播法では，学習データが与えられた時の各素子の誤差関数の勾配は次のように求められる．

$$\frac{\partial E_n}{\partial w_{ji}^{(l)}} = \delta_j^{(l)} z_i^{(l-1)} \tag{6.6}$$

ここで，$\delta_j^{(l)} \equiv \dfrac{\partial E_n}{\partial u_j^{(l)}}$ はネットワーク第 l 層の u_j による E の微分である．$\delta_j^{(l)}$ は第 $l+1$ 層の諸量を用いて次式で表わされる．

68   6章　水工分野への応用

$$\delta_j^{(l)} = \sum_k \delta_k^{(l+1)} \left(w_{kj}^{(l+1)} f'\left(u_i^{(l)} \right) \right) \tag{6.7}$$

ここで，f' は f の微分である．以上より，式(6.6)，(6.7)の適用により，出力層より順に計算することで，全てのネットワークにおける ∇E を算出することができる．

　なお，ここでは階層型ニューラルネットワークによる予測モデルを紹介したが，リカレントニューラルネットワークを用いることも可能である．

6.6　深層学習を用いた洪水予測モデルの開発

　前節までに紹介したように，ニューラルネットワークによる水位予測が従来より実現されている．従来からのニューラルネットワークモデルの課題として，洪水と関連の強い予測因子を絞りこみ，厳選された入力データを設定する必要があることが指摘されてきた．これは従来型ニューラルネットワークの学習能力の限界のため，入力データを増やしすぎると学習がうまく収束しないからである．こうした課題により，せっかく観測データが豊富に存在する場合にも，それらを十分にモデルに活用することが難しかった．一方で，深層学習を用いることにより，従来のニューラルネットワークよりも高い学習能力の獲得が可能であり，豊富な観測データをより有効に活用して水位予測の精度を上げることが期待できる．

　深層学習は複数の中間層を用いたニューラルネットワークに対する学習手法であり，様々な方法論が提案されている[12]．ここでは，自己符号化器を積み重ねた階層型のネットワークを紹介する．深い階層のネットワークは，従来の手法では学習が困難であったが，近年の深層学習では様々な技術により学習が可能となっている．代表的な技術として，事前学習やドロップアウトなどがある．

　事前学習は，ニューラルネットワークの重み係数 w の初期値を適切に設定し，学習を効果的に進めるために行われる．従来のニューラルネットワークにおける学習では，重み係数 w の初期値はランダムに与え，勾配降下法により最適化を行うという手順をとっていた．しかしながら，階層の深いネットワークでは勾配消失問題と呼ばれる計算上の課題が知られており，従来の方法では学習が困難であった．階層の深いネットワークでは，自己符号化器による事前学習を導入することで，勾配消失問題に対応することができる．まず，深層ニューラルネットワークを各層で折り返した自己符号化器に分割する．各々の自己符号化器では，入力と出力ができるだけ同じになるよう，重み係数 w の調整（学習）を行う．事前学習によって最適化された w は，深層ネットワークの w の初期値として利用される．そのあとは，従来の方法と同様に勾配降下法によって w を最適化する．以上の手順により，従来の方法に比べ効果的に学習が進む場合が多い．

　ドロップアウトは，学習計算時にネットワークの素子を確率 p の割合で無効化することで，ネットワークの自由度を強制的に小さくする．このような手順をとることで過学習を避け，効果的に学習を進めることができる．学習後の推論時には，素子からの出力を $(1-p)$ 倍することで，推論時に学習時よりも素子が増えることを補償する．

　なお，深層ニューラルネットワークの学習方法は様々に研究され，実用化されている．詳しく知りたい方は，専門書などを参照してほしい．本節で紹介するモデルにも，今後まだまだ発展・

改良の余地が残されていると考えられる．

6.7　深層学習を用いた洪水予測手法の検証①：実際の流域への適用[13)]

　開発した深層学習による水位予測モデルを，大淀川水系の樋渡（ひわたし）地点の上流域（図6.2）に適用した．流域面積は861 km²，幹川流路延長は52 kmである．周辺に雨量観測所が14箇所，流域内に水位観測所が5箇所設置されている．検討に用いた洪水の観測データは，1982年～2014年の氾濫注意水位（6.0 m）を超えた24洪水から抽出した．雨量・水位の観測データは1時間ごとのデータを用いた．各洪水のピークから72時間前～48時間後までを1洪水とし，全部で121時間×24洪水＝2904セットの検討データを用意した．

　計算に用いたニューラルネットワークは，入力層，2層の中間層および出力層からなる4層のモデルとした．入力データは14の雨量観測所における時間雨量（5時間分），5つの水位観測所における1時間当たりの水位変化（3時間分），および樋渡水位観測所の水位（2時間分）とした．したがって，入力データは全部で87個（雨量データ14地点×5時間＝70個，水位変化データ5地点×3時間＝15個，水位データ2個）となる．出力データは樋渡の水位変化とした．1～6時間の水位を予測するため，予測時間ごとにそれぞれニューラルネットワークを構築し，入出力データも予測時間に応じて設定した．例えば4時間予測を行うニューラルネットワークでは，出力データは現時刻から4時間後までの樋渡の水位変化とした．入力データは樋渡自身の1時間前と現時刻の水位，流域内5水位観測所の2時間前～現時刻における1時間あたり水位変化，流域内14地点の1時間前～3時間後の時間雨量とした．なお，これらの計算を行うためには未来の時刻の雨量が必要となる．実際に予測システムを運用するためには予測雨量を用いる必要がある

図6.2　樋渡（大淀川）の流域および水位・雨量観測所の位置

が，ここではモデル自体の性能評価に着目するため，実際に観測した雨量を未来の時刻にも当てはめて計算を行った．予測雨量を用いて計算した場合には，雨量予測の影響を受ける（やや精度が落ちる）ことが予想される．

　モデルのパラメータ（中間層の素子数，学習計算の反復回数，ドロップアウト率）は，ケーススタディにより最適化した．対象 24 洪水のうち，氾濫危険水位（9.2 m）を超過した 4 洪水を対象として，leave-one-subject-out 交差検証を行った．具体的には，対象 24 洪水のうち 1 洪水を検証データ，残り 23 洪水を学習データとした計算を 1 セットとし，同様の手順を検証対象 4 洪水について行うことで精度を評価した．

　深層学習モデルによる水位予測結果と，①分布型モデル＋粒子フィルタ，②分布型モデル＋スライド補正，③従来型ニューラルネットワーク，④線形回帰モデルについて，精度を比較した．ここで，①や②は物理的な水位予測のうち有力と考えられる手法である．また，従来型ニューラルネットワークは中間層が 1 層のみのモデルであり，また事前学習は行っていない．なお，ここではいずれの計算も予測雨量の代わりに実際に観測した雨量を用いている．

　水位予測の結果の一例を図 6.3 に示す．図の左の縦軸は水位，横軸は時刻を表している．図の

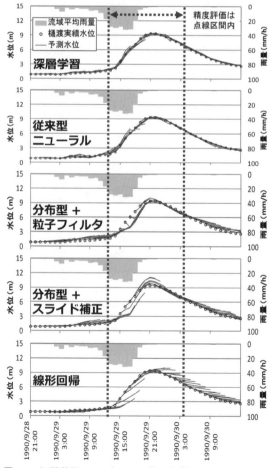

図 6.3　深層学習モデルと，その他の水位予測モデルによる
　　　　樋渡（大淀川）の予測結果

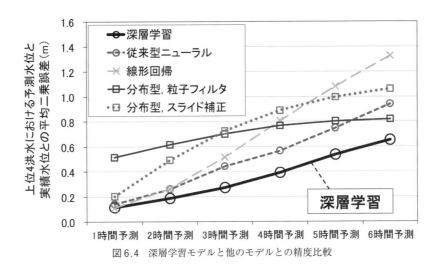

図 6.4 深層学習モデルと他のモデルとの精度比較

黒丸は実績水位，実線は予測水位である．予測は1時間ごとに行っているため，何本もの線が重なるようにして表示されている．1回の予測は6時間先まで行うため，1本の予測の線は6時間分の長さである．黒丸（実績水位）と実線（予測水位）がぴったり重なっている場合は，予測が完全に的中していることを意味している．

また図6.4は上位4洪水での予測誤差の平均である．図は縦軸が誤差の大きさを表しており，横軸は予測時間を表している．1時間予測では誤差が小さく，予測時間が延びるほど誤差が大きくなるため，右肩上がりのグラフとなっている．図6.4では深層学習による予測結果が一番下に来ており，最も誤差が小さい．すなわち，深層学習による水位予測モデルは，従来型のニューラルネットワークや物理型モデルなどを上回る予測精度を示す結果となった．

なお予測にかかる計算時間については，学習済みのモデルを用いて，汎用的な計算機でわずか0.1秒程度であった．学習には数時間〜1日程度かかったが，学習は事前に実施可能であるため，リアルタイム予測システムの実用化に向けては問題とならない．

6.8 深層学習を用いた洪水予測手法の検証②：様々な流域での適用性検証[14]

前節では深層学習を適用した河川の水位予測モデルの適用例を紹介し，他のモデルを上回る精度を確認した．だが，他の様々な河川でも同様に高い予測精度を発揮できるかどうか，まだ明らかではない．そこで本節では，複数の流域での適用性を確認する．対象は国内の4つの流域（大淀川，小貝川，遠賀川，狩野川）とした．各河川で深層学習を用いた水位予測モデル（深層学習モデル）と，従来型のニューラルネットワーク水位予測モデル（従来型ニューラル）とを適用し，結果の比較を行った．学習した洪水の数は，各河川で20程度とした．予測精度検証として，leave-one-subject-out 交差検証により上位の数出水について再現性を確認した．各流域の面積と，計算に用いた観測所の数を表6.4に示す．

図6.5に示した樋渡（大淀川），日の出橋（遠賀川）では，深層学習モデルの精度が従来型ニューラルよりも明確に高くなる結果となった．これらの流域は枝分かれが多く複雑な河川形状をしており，また雨量・水位のデータ数（観測所の数）も比較的多い．したがって，上流の水位・雨

72　6章　水工分野への応用

表6.4　予測対象地点と流域面積，計算に用いた観測所の数

予測地点名	河川名	流域面積（km²）	上流の水位観測所数	雨量観測所数
樋渡	大淀川	861.0	4	14
小貝川水海道	小貝川	757.5	5	6
日の出橋	遠賀川	695.0	10	11
大仁	狩野川	322.0	0	8

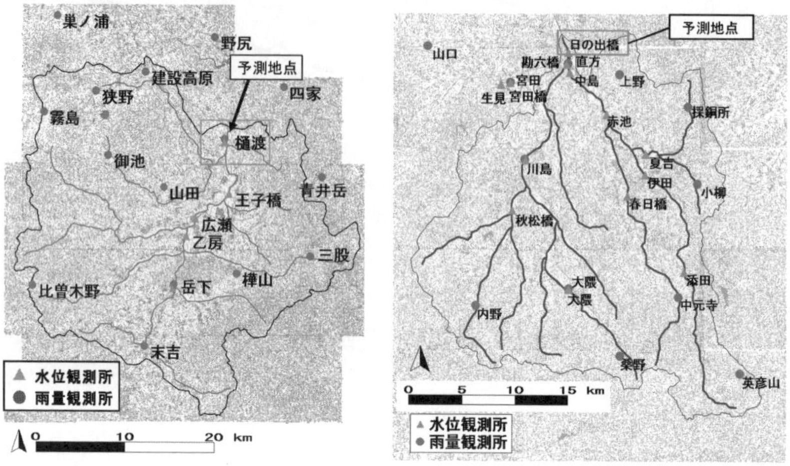

図6.5　樋渡（大淀川），日の出橋（遠賀川）の流域および水位・雨量観測所の位置

量と下流水位との関係は複雑に絡み合っている．このような河川では，従来型ニューラルでは入出力の関係を十分に学習できず，深層学習モデルによる精度向上の余地が大きかったのだろうと考えられる．

　一方，図6.6に示した小貝川水海道（小貝川），大仁（狩野川）では，深層学習モデルと従来型ニューラルとでほとんど差が出ない結果となった．これには，小貝川水海道（小貝川），大仁（狩野川）でそれぞれ異なる要因が推察される．まず小貝川水海道（小貝川）では，深層学習モデル・従来型ニューラルのどちらも高い予測精度が得られている．小貝川水海道（小貝川）は流域形状が細長く，中下流では支川の合流も少ないため，上流から予測地点への洪水の伝わり方は比較的シンプルである．また川の勾配も緩やかで河道の延長も長いため，上流から予測地点への洪水の流下時間は10時間以上である．したがって，上流の観測水位と下流の予測水位との関係は明確であり，機械学習にとっては予測しやすい条件が揃っている．こうした理由により，従来型ニューラルでも十分に高い精度で予測することが可能であり，深層学習の導入による精度向上の余地が少なかったのだろうと考えられる．ちなみに樋渡（大淀川），日の出橋（遠賀川）では流下時間はわずか1，2時間程度であり，6時間先まで水位を予測するにはやや厳しい条件である．

　また大仁（狩野川）では，深層学習モデル・従来型ニューラルのどちらも予測精度が悪い．大仁（狩野川）は流域面積が比較的小さく，山間部に位置しているため勾配も急である．上流に降った雨が予測地点に到達するまでに1時間もかからない．一方，学習・予測に用いた雨量・水位の観測データは全て1時間間隔である．このような条件では，データの情報が不足しており，洪水のパターンを十分に学習することは難しい．そのため，深層学習モデルを用いても，その学習性能を十分に発揮することができず，精度向上につながらなかったのだろうと考えられる．もし

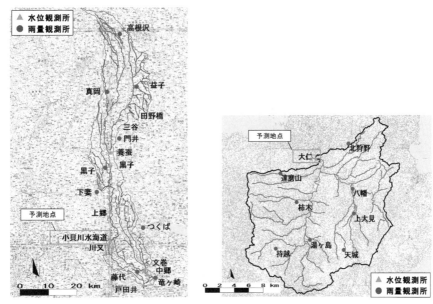

図6.6 小貝川水海道（小貝川），大仁（狩野川）の流域および水位・雨量観測所の位置

10分ごとのデータなど，より詳細な観測データを使うことができれば，さらに予測精度の向上が可能になると考えられる．

以上，本節で見てきたように，深層学習を用いた水位予測モデルは，流域の特徴や観測データの揃い具合によって発揮できる性能が異なることが分かった．

6.9 深層学習を用いた洪水予測手法の検証③：入力データ数と予測精度との関連性[15,16]

前節の検討で，深層学習を用いた河川の水位予測モデルは，条件によって性能が異なることが分かった．特に，モデルの入力データ（観測データ）の数は予測性能に大きな影響がありそうである．そこで本節では，入力データ数に着目したケーススタディを行い，より詳細なモデルの性能評価を行う．

検討対象流域は，前節でも見てきた樋渡（大淀川），日の出橋（遠賀川）とした（図6.5）．それぞれの流域で，全ての観測所を入力データに用いるケース（多地点ケース），観測所2地点のみを入力データに用いるケース（2地点ケース）を設定し，ケーススタディを行った．なお2地点ケースでは，予測地点の水位変化との相関が最も高い雨量観測所・水位観測所を1つずつ選んだ．表6.5に各ケースの入力データ数を示す．学習には過去の20洪水程度を用いた．それぞれのケースで深層学習モデルと従来型ニューラルを適用し，基準水位を超えた特に大きな洪水を検証対象とした．検証対象は，樋渡（大淀川）で4洪水，日の出橋（遠賀川）で5洪水である．図6.7に予測精度の比較図を示す．図の縦軸が実測水位と予測水位の誤差を表している．図の左半分が，従来型ニューラルの結果である．従来型ニューラルでは，いずれの流域でも2地点ケースの方が再現性が高くなった．これは，多地点ケースではデータが多量になり学習効率が低下したためと考えられる．このように，入力データ数が増えるとかえって精度が低下する例は以前より

表6.5 観測地点と入出力データの一覧

ケース名	予測地点名	入力データ数 （時系列数×地点数）					出力データ数
		時間雨量	上流水位変化	自己水位変化	自己水位	合計	
多地点ケース	樋渡	5×14	3×4	3×1	2×1	87	1
	日の出橋	5×11	3×10	3×1	2×1	90	1
2地点ケース	樋渡	5×1	3×1	3×1	2×1	13	1
	日の出橋	5×1	3×1	3×1	2×1	13	1

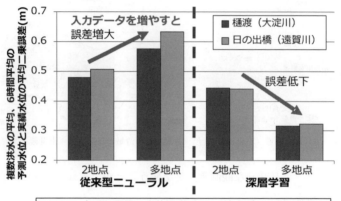

図6.7 入力データ数の違いによる予測精度評価
(出典) 土木学会誌, Vol. 103(2), pp. 30-31, 図2, 2018「人工知能を用いた洪水予測」

知られている．一方，図の右半分は，深層学習モデルの結果である．深層学習モデルでは，多地点ケースの方が再現性が高くなった．深層学習を適用したことで多量のデータを適切に学習することが可能となり，上流域の降雨・水位変化の分布が適切に反映されたことで再現精度が向上したものと考えられる．また，深層学習モデルは従来型ニューラルよりも予測誤差が小さくなった．

このように，多量の観測データが活用できる場合，特に深層学習モデルの性能が発揮されやすいことが分かった．

6.10 深層学習を用いた洪水予測手法の検証④： 未経験規模の洪水への適用性検証[17]

ニューラルネットワークをはじめとする機械学習モデルの一般的な弱点として，学習事例を上回るような事例に対しては予測性能が保証されない，という点が挙げられる．言いかえると，ニューラルネットワークは学習事例の内挿となるような問題に対しては適切なアウトプットを出すことができるが，外挿は適用性が無いと言われている．洪水予測においては，学習事例を上回るような大規模洪水への対応こそが重要である．そのため，学習事例を上回る規模の洪水に対する予測の信頼性は，AIによる水位予測モデルの実用化を進めるうえで非常に大事である．実は，

6.10 深層学習を用いた洪水予測手法の検証④：未経験規模の洪水への適用性検証

ニューラルネットワークの学習対象を，水位そのものではなく，「水位変化」とすることにより，過去最大の洪水についても内挿に近い問題に落とし込むことができる場合がある．本節で実例を紹介する．

2016年8月の台風10号は，北海道に記録的な大雨をもたらし，27名の死者・行方不明者を生じさせた．この台風により，北海道の網走川（川尻漁場水位観測所），常呂川（上川沿水位観測所）において過去最大の水位が観測された．これらの地点に着目し，台風前の期間（1998年～2016年7月）における約20洪水で学習を行い，2016年8月の洪水を検証事例として，深層学習モデルの精度検証を行った．モデルの入力は観測所の雨量・水位および水位変化とした．出力は，現時刻から6時間後までの予測地点の水位変化とした．図6.8に網走川，常呂川の流域図を，表6.6に各流域の面積と計算に用いた観測所の数を示す．

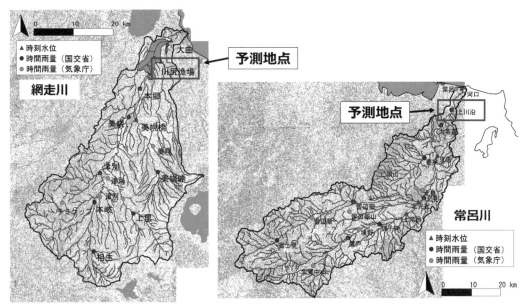

図6.8 川尻漁場（網走川），上川沿（常呂川）の流域，水位・雨量観測所の位置

表6.6 予測対象地点と流域面積，計算に用いた観測所の数

予測地点名	河川名	流域面積（km²）	上流の水位観測所数	雨量観測所数
川尻漁場	網走川	1319.0	4	6
上川沿	常呂川	1898.0	5	4

水位予測（6時間予測）の結果を図6.9，図6.10に示す．計算は1時間ごとに行っており，毎回の予測結果を連続的につないだものを図化している．図の黒丸が実績水位，実線が予測水位である．予測と実績はほぼ一致しており，予測精度は十分に高いことを表している．なお，深層学習モデルの出力は6時間先までの水位変化であるが，出力結果に現時刻水位を足し合わせることで予測水位に変換している．表6.7には，学習事例と検証事例における，水位と水位変化の最大値を示す．川尻漁場（網走川）について見ると，学習事例の最大水位は2.41 m，検証事例の最大水位は2.45 mとなっており，確かに検証事例（2016年8月の台風10号による洪水）が過去の洪

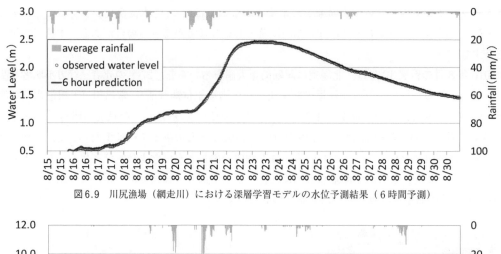

図6.9 川尻漁場（網走川）における深層学習モデルの水位予測結果（6時間予測）

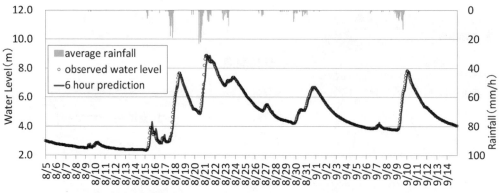

図6.10 上川沿（常呂川）における深層学習モデルの水位予測結果（6時間予測）

表6.7 学習洪水事例と検証洪水事例における，水位と水位変化の最大値

予測地点名	水位の最大値 (m)		6時間あたりの水位変化の最大値 (m)	
	学習事例	検証事例	学習事例	検証事例
川尻漁場（網走川）	2.41	2.45	0.44	0.28
上川沿（常呂川）	8.48	8.88	2.78	2.57

水を上回る規模の洪水であることが確認できる．一方で6時間あたりの水位変化の最大値に着目すると，学習事例では0.44 m，検証事例では0.28 mとなっており，過去の洪水の方が激しい水位変化を経験していることが分かる．

たいていの河川では，大洪水には至らないものの，短時間で急激な水位上昇が生じるような洪水を経験している．一方で災害を引き起こすような大洪水は，何時間も何日もかけて降り続く雨によってもたらされる場合が多い．こうした傾向を踏まえると，AIによる水位予測モデルでは，河川の「水位変化」に着目した方が学習材料が豊富となり，大洪水の予測にも有利であると考えられる．このように，モデルの学習設定を工夫することで，学習事例を上回るような大洪水に対しても，十分な精度で水位予測が可能であることを示した．

6.11 深層学習を用いた洪水予測手法の検証⑤：物理的なモデルとのハイブリッド[18]

　前節では，未経験規模の大洪水に対しても深層学習モデルで十分に予測できる事例を紹介した．しかしながら，モデルの性能が過去の学習洪水事例に拘束されるという欠点は依然として残ったままである．ニューラルネットワークなどの機械学習モデルでは，洪水流出の物理特性が組み込まれていないことが本質的な欠点となりうる．本節では，深層学習モデルと物理的な流出モデルとを組み合わせたハイブリッドモデルを紹介する．深層学習モデルに物理的モデルを結合することで，機械学習全般の課題である物理特性の欠落を補い，未経験の洪水に対しての適用性をさらに高めることを狙いとしている．

　はじめに，洪水発生のメカニズムに立ち返って考える．山間部などに降った雨は，大部分が地中へとしみこみ，ごく浅い地下水となって谷底へと流れ集まる．雨が降り続くと，地下水から渓流へと水がしみ出し，これらが下流に集まることで大きな流れとなるのが一般的な洪水発生メカニズムである．

　ここで大事なポイントは，河道の水位・流量を規定しているものは，降雨ではなく，流域の地下水であるということである．例えば，晴天が続いて地表付近の土壌がカラカラとなっている場合には，少々の雨が降っても全てしみこんでしまうため，川の水位がすぐに上がることは無い．逆に，まとまった量の雨により土壌が地下水でたっぷりになった場合には，雨が降りやんだ後もしばらく川の水位が上がり続けることがある．最も洪水が大きくなるのは，土壌に水がたっぷりしみこんだ後に，さらに雨が降り続けるケースである．

　より正確に言うと，地下水の他に，地表にたまっている水や，河道を流れている水など，流域内には様々な形で水が存在する．こうしたすべての水をあわせたものを流域の「貯留量」と呼ぶ．上で述べたことを言い換えると，流域の貯留量が増えれば川の水位も上がり，貯留量が減少すれば川の水位も下がるということになる．こうした関係は，流域を穴の開いた容器に見立てることで模式的に図6.11のようにあらわすことができる．容器にたまった水の量を流域貯留量に見立て，穴から流れ出る水を川の流量に見立てることで，流域の降雨—流出の関係をイメージ的に理解することができる．

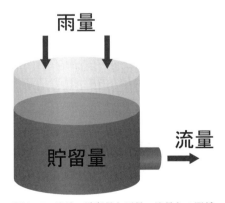

図6.11　流域の貯留量と雨量・流量との関係の模式図

このような水文的なメカニズムを踏まえた上で，深層学習モデルの入力データを改めて考えてみる．前節までに紹介した一般的な深層学習モデルでは，入力データに上流の雨量，川の水位・水位変化などを用いていた．ハイブリッドモデルの入力データには，雨の代わりに流域の貯留量の増減に相当する値を用いる．貯留量の増減は，雨量から流域下流端での流量を差し引くことで求められる．この値の物理的な意味合いは，流域全体に降りそそぐ雨の量の合計と，川から海へと流れ去る水の量との差し引き，すなわち流域全体での水の増減を表している．

通常の深層学習モデルの入力データと，ハイブリッドモデルの入力データの比較を表6.8に示す．繰り返しになるが，深層学習モデルでは，水位と雨量を主な入力データとして学習・予測を行う．ハイブリッド予測モデルの入力層には，雨量の代わりに流域の貯留量変化（雨量から，流域下流端での流量を差し引いた値）を用いる．

表6.8 深層学習モデルとハイブリッドモデルとの入力データの違い

深層学習モデル	ハイブリッドモデル
・雨量	・流域の貯留量変化（雨量－流量）
・川の水位，水位変化	・川の水位，水位変化

モデルの学習および予測の手順を図6.12に示す．通常の深層学習モデルは，学習段階では実績の水位・雨量データを用いる．予測段階では，現時刻までの実績水位・雨量データおよび予測雨量データを用いて，学習済みのモデルにより予測水位を計算する．

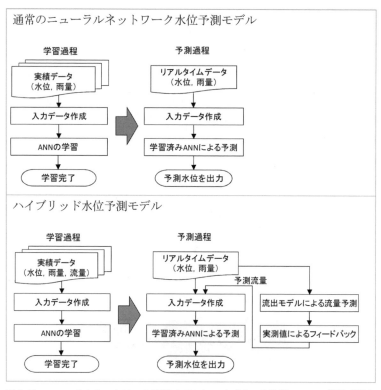

図6.12 ニューラルネットワーク予測モデルとハイブリッド予測モデルの構築手順および予測計算手順

6.11 深層学習を用いた洪水予測手法の検証⑤：物理的なモデルとのハイブリッド

ハイブリッドモデルでは，学習段階では通常の深層学習モデル同様に実績の水位・雨量・流量データを用いる．予測段階では，まず物理的なモデルによって予測流量を算出する．次に，現時刻までの実績水位・雨量データ，予測雨量データ，および予測流量データを用いて入力データを作成し，学習済みのモデルにより予測水位を計算する．このように，物理的な流出モデルと深層学習モデルの計算を 2 段階で実施することで予測を行う．

ハイブリッドモデルによる計算例として，他の節でも紹介した樋渡（大淀川）流域に適用した結果を図 6.13 に示す．図の上がハイブリッドモデルによる計算結果，下が通常の深層学習モデルによる計算結果である．図 6.13 の右側の縦軸はモデルの入力値に合わせてあり，上図が貯留量変化（雨量－流出高），下図が雨量である．洪水のピーク付近は，降雨量は 25 mm/h 程度であるのに対し，貯留量変化は 13 mm/h 程度と比較的小さい．この違いは，ハイブリッドモデルでは河道から海へと流れていく貯留量の減少分を考慮していることによる．モデルの予測結果は，降雨量を入力とした学習モデルでは過大となり，貯留量変化を入力値としたハイブリッドモデルでは実績を良く再現する結果となっており，入力層の違い（降雨量＞貯留量変化）と整合的である．なお，図 6.13 の洪水は検討期間の中で最大の洪水，すなわち学習事例を上回る規模の洪水である．また図 6.13 以外の複数の洪水に適用した結果についても，通常の深層学習モデルと同等もしくは上回る予測精度であった．

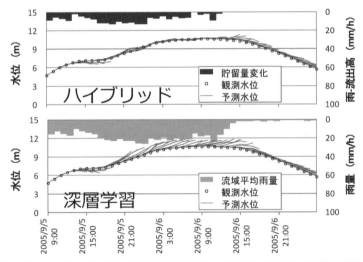

図 6.13 ハイブリッドモデルと深層学習モデルによる樋渡（大淀川）の水位予測結果

ハイブリッドモデルは，深層学習モデルに物理的な流出モデルの結果を取り込むことで，流域の降雨－流出メカニズムをより適切に表現することができると考えられる．機械学習全般の課題である，経験したことのない規模の出水に対しても，本手法の適用により改善の可能性がある．

なお，ここで紹介したハイブリッドモデルは，全国で運用されている既存の洪水予測システム（物理的な水位予測モデル）の結果を利用することで，容易に実装することが可能である．また，学習済みの深層学習モデルによる計算コストはわずかであるため，既存の計算機を用いて洪水予測システムを拡張することも可能である．このように，既存の計算機資産とモデル資産の両方を有効活用しながら，洪水予測の精度向上を図ることができるのがハイブリッドモデルの利点である．

6.12 今後の展望

　本章で紹介した AI による水位予測は，レーダ雨量などの活用による更なる高度化や，流出経路が複雑な都市河川への適用，雪解け出水への応用[10]，ダムの流入量予測への応用[19, 20]など，更なる発展に向けた研究が行われている．今後も最新の技術を取り入れながら，社会の役に立つシステムとして確立することが望まれる．洪水予測技術の進歩により，災害の犠牲者が少しでも減ることを願っている．

　なお蛇足ながら，どのような技術をもってしても，予測は外れることがある．また，予測情報の伝達にもさまざまな課題があり，全ての住民に素早く正確な情報を伝えることは非常に難しい．どれだけ AI や他の科学技術が発達しても，自然災害の脅威から完全には逃れることは不可能である．最終的には自分の身をまもる判断は，自分で下す必要があるということを肝に銘じておきたい．

　また洪水予測以外についても，ますます AI 活用の研究が進んでいくものと思われる．今後は，技術的な研究成果をいかに実社会の中に実装していくか，という取り組みも大事になってくるだろう．

■ 6 章　参考文献

1 ）　中谷祐介，石崎裕大，西田修三：深層学習を用いた感潮河川の水質変動予測，土木学会論文集 B1（水工学），Vol. 73，No. 4，pp. 1141-1146，2017.

2 ）　板谷知明，芳村圭：深層学習を用いた水文気象場のダウンスケーリング手法の開発，土木学会論文集 B1（水工学），Vol. 74，No. 4，pp. 151-156，2018.

3 ）　森脇亮，今村実，全邦釘，藤森祥文：深層学習を用いた風速の短時間予測の試み，土木学会論文集 B1（水工学），Vol. 74，No. 4，pp. 229-234，2018.

4 ）　齋藤正徳，湧田雄基，市川健，天谷香織，那須野新，大石哲也，池内幸司，石川雄章：UAV 及び深層学習を用いた植生の自動判別による河道維持管理手法の開発，土木学会論文集 B1（水工学），Vol. 74，No. 4，pp. 829-834，2018.

5 ）　椿涼太，小林健一郎，内藤正彦，谷口丞：洪水予測技術の現状と課題について，河川技術論文集，Vol. 19，pp. 1-6，2013.

6 ）　国土交通省：第 1 回 大規模氾濫に対する減災のための治水対策検討小委員会資料 平成 27 年 9 月関東・東北豪雨における洪水及び被害等の概要，http://www.mlit.go.jp/river/shinngikai_blog/shaseishin/kasenbunkakai/shouiinkai/daikibohanran/1/pdf/daikibo1_04_s2.pdf（最終閲覧日：2018 年 9 月 14 日）

7 ）　Maier, H. R., Jain, A., Dandy, G. C. and Sudheer, K. P.: Methods used for the development of neural networks for the prediction of water resource variables in river systems: Current status and future directions, Environmental Modelling & Software, Vol. 25, pp. 891-909, 2010.

8 ）　Dawson, C. W. and Wilby, R. L.: Hydrological modeling using artificial neural networks, Progress in Physical Geography, Vol. 25, No. 1, pp. 80-108, 2001.

9 ）　Maier, H. R. and Dandy, G. C.: Neural networks for the prediction and forecasting of water resources variables: a review of modelling issues and applications, Environmental Modelling & Software, Vol. 15, pp. 101-124, 2000.

10）　滝口修司，キムスンミン，立川康人，市川温，萬和明：ニューラルネットワークを用いた積雪地

域の河川流量予測における重要入力因子の抽出，土木学会論文集 B1（水工学），Vol. 74，No. 4，pp. 877-882，2018.

11) Rumelhart, D. E. and Mcclelland, J.: Parallel distributed processing: Explorations in the microstructure of cognition, MIT Press, 1986.

12) 岡谷貴之：深層学習，講談社サイエンティフィック，2015.

13) 一言正之，桜庭雅明，清雄一：深層学習を用いた河川水位予測手法の開発，土木学会論文集 B1（水工学），Vol. 72，No. 4，pp. 187-192，2016.

14) 一言正之，桜庭雅明：深層学習の適用によるニューラルネットワーク洪水予測の精度向上，河川技術論文集，Vol. 22，pp. 1-6，2016.

15) 一言正之，桜庭雅明：多地点観測情報を活用した深層ニューラルネットワークによる河川水位予測の精度向上，河川技術論文集，Vol. 23，pp. 287-292，2017.

16) 一言正之：人工知能を用いた洪水予測，土木学会誌，Vol. 103(2)，pp. 30-31，2018.

17) 一言正之，桜庭雅明：学習事例を上回る大洪水に対する深層学習水位予測モデルの検証，2018 年度人工知能学会全国大会論文集，2018.

18) 一言正之，桜庭雅明：深層ニューラルネットワークと分布型モデルを組み合わせたハイブリッド河川水位予測手法，土木学会論文集 B1（水工学），Vol. 73，No. 1，pp. 22-33，2017.

19) Bai, Y., Chen, Z., Xie, J. and Li, C.: Daily reservoir inflow forecasting using multiscale deep feature learning with hybrid models. Journal of hydrology, 532, 193-206, 2016.

20) 一言正之，遠藤優斗，島本卓三，房前和朋：レーダ雨量を用いた深層学習によるダム流入予測，河川技術論文集，Vol. 23，pp. 287-292，2018.

7章

地盤分野への応用

7.1 はじめに

　地盤工学分野でも比較的古くから人工知能の適用が試みられてきた．しかし，現在もなお，人工知能は十分に活用されているわけではない．その主な理由として，地盤が天然物であるため，その特性や挙動に影響を与える要因が多すぎ，それらをすべて考慮できる人工知能を作成するには情報量が質・量ともに不足していることが挙げられる．この状況は現在でも本質的には変わってはいない．しかし，それでも地盤情報データベースの整備，地形情報のデジタル化，物理探査や現地計測の技術的進歩と普及等々によっていくつかの分野では人工知能による成果が出つつある．

　ところで，通常，人工知能と言えば，教師あり学習を指すことが多い．教師あり学習では，入力情報とそれに対応した出力情報で構成される学習データを使って人工知能を構築する，すなわちこの過程が学習である．その結果，入力情報と出力情報の間に本質的な因果関係がなくても適切な結果を出力するモデルが構築できる．ただし，この場合，入力情報と出力情報を根拠なく，強引に結びつけているだけなので，モデルの適用範囲は学習データの範囲内に止まる．一方，入力情報と出力情報の間に何らかの明確な因果関係がある場合，学習データの範囲を超えた予測が可能となる．また，教師なし学習という学習方法も存在する．教師なし学習では，入力情報だけでそれに対応する出力情報は存在しない．その代表的な用途としては，類似した事例のクラスタリング等が挙げられる．

　本章では，地盤工学分野における人工知能，むしろ機械学習と呼んだ方が良いのかもしれない4つの適用事例を紹介する．まず，教師なし学習の適用事例として，深層崩壊のような大規模崩壊が起こる危険度の高い斜面の抽出と危険度による順位付けを取り上げる．次に，教師あり学習の適用事例として，まず，地盤情報の空間推定とそれを用いた設計強度の深度分布の決定，沈下量の空間分布の推定，また，別の事例として，地形情報を考慮した土砂災害発災推定モデルの構築とその利用の一例を取り上げる．この2つの事例はいずれも入力情報と出力値の間に理論的に説明できる因果関係がない場合の事例である．最後に，動態モニタリング結果に基づく土壌水分特性の推定を取り上げる．この事例は，不飽和浸透流解析パラメータの同定であり，入力情報と出力情報の間に明確な因果関係が存在する．すなわち，いわゆるデータ同化と呼ばれるものであり，狭義には人工知能や機械学習の範疇には入らない．しかしながら，多量のデータを利用して，信頼性と再現性の高いシミュレーションモデルを同定でき，しかも手法の汎用性が高いという点で，非常に有用であるので，取り上げるものである．

7.2 教師なし学習の応用例

　国土の約7割が山地である日本には無数の斜面が存在するため，斜面災害を避けることが出来ない．一方で，防災に費やすことができる時間と費用には限度がある．そのため，既存のデータを用いて簡易かつ効果的に災害の素因を有する斜面を抽出することは有用である．単純に言えば，過去の豪雨によって災害を引き起こした斜面は危険な素因を有していると考えられるので，それらと同じような素因を有している斜面では災害が発生する可能性が高いと考えてもよい．しかしながら，斜面を特徴付ける指標は多数有り，その類似度を客観的に判定することは難しい．このような場合，競合学習型ニューラルネットワークの一つである自己組織マップ(SOM)[1]が有効である．SOMでは，特徴毎に類似した斜面をクラスタリングすることができ，かつ，それを2次元マップ上に表示することが出来るため，解析結果が非常に理解しやすい．以下では，平成23年台風12号によって紀伊半島で生じた深層崩壊事例を利用し，未だ崩壊していない斜面の危険度評価を行った事例[2)-4)]を紹介する．

　危険度評価では，まず，地理情報システム (GIS) を用いて，斜面の素因的特徴を表現する数値指標を作成した．図7.1に示すように，GISを用い，斜面の特徴を数値指標に落とし込んだ．表7.1は斜面評価指標とそれに対するカテゴリーデータを示している．この表を使って斜面を特

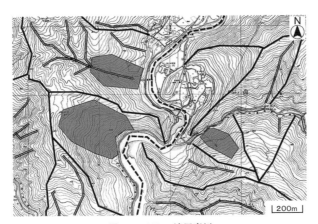

図 7.1　GIS の適用事例

表 7.1　斜面評価指標とそれに対するカテゴリーデータ

斜面評価指標		カテゴリーデータ	斜面評価指標		カテゴリーデータ
谷密度 (1/m)	0	0	崩壊跡地	該当しない	0
	0～0.003	0.333		該当する	1
	0.003～0.005	0.666	遷急線	該当しない	0
	0.005～	1		該当する	1
川or谷	谷	0	遷緩線	該当しない	0
	川	1		該当する	1
攻撃斜面	該当しない	0	傾斜 (°)	$\theta<25$	0
	該当する	1		$25<\theta<30$	0.25
乱れ地形	該当しない	0		$30<\theta<35$	0.5
	該当する	1		$35<\theta<40$	0.75
逆地形	該当しない	0		$40<\theta$	1
	該当する	1	植生	杉・檜	0
多段式地形	該当しない	0		混交林	0.333
	該当する	1		落葉樹	0.666
0次谷地形	該当しない	0		裸地	1
	該当する	1			

表7.2 作成したデータの一例

斜面番号	谷密度	川or谷	攻撃斜面	乱れ地形	逆地形	多段式地形	・・・
A1	0.666	1	0	0	0	0	・・・
A2	0.333	0	0	0	0	0	・・・
A3	1	0	0	1	0	0	・・・
A4	0.333	0	0	0	0	0	・・・
A5	1	0	0	0	0	0	・・・
A6	0.333	1	1	0	1	1	・・・
A7	0.666	0	0	0	0	0	・・・
A8	0.333	0	0	0	0	0	・・・
A9	1	0	0	1	0	1	・・・
A10	1	0	0	0	0	0	・・・
⋮	⋮	⋮	⋮	⋮	⋮	⋮	⋱

徴付けた結果の一例を表7.2に示す．このようにして，検討対象地域の中の合計101カ所の非崩壊斜面を特徴付けた．また，崩壊斜面に関しては，平成23年台風12号により大規模崩壊が発生した奈良県内の38カ所の斜面を選んだ．つまり，崩壊斜面を含め，139箇所の斜面を表7.1に示す指標によって特徴付けた．

次に，大規模崩壊が発生した38カ所の斜面をSOMによっていくつかのクラスターに区分した．図7.2はその結果を示している．なお，クラスターの区分にはクラスター分析[5]も併用した．38箇所の斜面が類似した特徴を持つ4つのクラスターに区分できた．それぞれのクラスターの特徴は以下の通りである．

図7.2 大規模崩壊が発生した斜面のクラスタリング

クラスター①に区分された崩壊斜面は合計13カ所である．このクラスターに含まれる崩壊斜面の特徴は，全ての斜面において川と0次谷地形が該当している．また，攻撃斜面，崩壊跡地，遷急線の該当率も高い．しかし，乱れ地形，逆地形，多段式地形などの典型的な地すべり地形に対する該当率は低い．植生に関しては，杉・檜などの常緑樹林の該当率が比較的高い．

クラスター②に区分された崩壊斜面は合計9カ所である．このクラスターに含まれる崩壊斜面の特徴は，全ての斜面において谷が該当する．このため，攻撃斜面は該当しない．また，遷急線，遷緩線の該当率が他のクラスターと比較して低いものの，典型的な地すべり地形（乱れ地形，多段式地形，0次谷地形）の該当率は比較的高い．

クラスター③に区分された崩壊斜面は合計12カ所である．このクラスターに含まれる崩壊斜面の特徴は，全ての斜面において遷急線が該当しており，0次谷地形，崩壊跡地，遷緩線の該当

率も高い．しかし，川の該当率は低く，乱れ地形，逆地形，多段式地形などの典型的な地すべり地形の該当率も低い．植生に関しては，全ての斜面において落葉樹が優勢な群落が分布している．

クラスター④に区分された崩壊斜面は合計4カ所である．このクラスターに含まれる崩壊斜面の特徴は，全ての斜面において川，攻撃斜面，多段式地形，遷急線，遷緩線が該当している．また，逆地形，0次谷地形，崩壊跡地の該当率も高い．つまり，クラスター④に分類された崩壊斜面は，大規模崩壊の危険性が高い地形的特徴を多数有している．

以上のように，一口に大規模崩壊といっても斜面は同じ特徴を有していないことが分かる．したがって，危険度評価をする際には，区分されたクラスター毎に行う必要がある．そこで，101カ所の非崩壊斜面に対し，それぞれ①から④のクラスターに区分された崩壊斜面を加えた4つのデータセットを作成する．それぞれのデータセットに対して，数量化II類[6]を適用し，崩壊・非崩壊の判別分析を行った．表7.3はその結果を示している．まず，実際に崩壊が生じていたのに，数量化II類によって判別できなかった事例はデータセット1における一事例だけである．つまり，非常に高い精度で崩壊・非崩壊の判別の推定ができていることが分かる．したがって，非崩壊斜面のうち，崩壊すると推定された27箇所（重複があるため）の斜面は，大規模崩壊が起こった斜面に類似した素因的特徴を有していること考えられる．さらに，数量化II類のサンプルスコアと判別的中点の差を危険度の指標とみなせれば，危険度の順位付けができる．表7.4は抽出された危険斜面の順位付け結果を示している．この表中，特に危険度の高かった斜面周辺の地形図を図7.3に示す．太い実線で囲まれた斜面が特に危険度が高かった斜面である．この地域一帯は，その他の地域と比較して，崩壊跡地や滑落崖が多く，地形図も著しく乱れている．古くから大規模な崩壊を繰り返してきた地域であると考えられる．また，特に危険度が高かった斜面は，周りの斜面と比較して，傾斜が急であり，攻撃斜面も該当している．

以上のように，本事例では，ニューラルネットワークの一つであるSOMを使って，数量化II類による判別分析の精度向上を図り，大規模崩壊の危険度の高い斜面の抽出と順位付けができた．

表7.3　数量化II類による推定結果

		実績群	
		崩壊	非崩壊
推定群	崩壊	12	10
	非崩壊	1	91

		実績群	
		崩壊	非崩壊
推定群	崩壊	9	9
	非崩壊	0	92

		実績群	
		崩壊	非崩壊
推定群	崩壊	12	9
	非崩壊	0	92

		実績群	
		崩壊	非崩壊
推定群	崩壊	4	0
	非崩壊	0	101

表7.4　抽出された危険斜面の順位付け結果

順位	斜面番号	データセット	サンプルスコアと判別的中点の差
1	B2	1	1.391
2	D6	1	1.330
3	C7	2	1.071
4	B3	1	0.983
5	D35	1	0.828
6	D2	1	0.762
7	C20	3	0.663
8	D18	2	0.621
9	C19	1	0.392
10	D8	2	0.388
⋮	⋮	⋮	⋮

図7.3 特に危険度が高かった斜面周辺の地形図

SOMによって危険斜面の抽出を試みた研究は他にもある．例えば，小山ら[7]は道路防災点検の結果，笠間ら[8]は地形区域・地形区分・地質・土壌の素因データ，日外ら[9]は岩盤の点検データ，神田[10]らは道路盛土に対するマクロ評価シート，櫻谷ら[11]はのり面安定度調査票を使い，それぞれの検討対象の安定度評価等を行っている．

7.3 教師あり学習の応用例（その1）

「地質地盤情報の共有化に向けて」という日本学術会議の提言[12]にあるように，地質地盤情報の整備・公開と共有化は時代の流れとなっている．現在，全国単位・地域単位の様々なデータベースが整備され，誰にでも容易に利用可能な状況になってきている．地盤情報データベースの最も単純な利用目的として，地盤調査が行われていない地点の地盤情報の推定が挙げられる．基本的に，地盤調査はボーリング調査が基本となるため，調査地点のあいだは何らかの方法で推定しなければならない．技術者による地盤情報の推定は，個人の主観が入りやすくまた，推定精度の定量的な評価も出来ない．以下では，最も代表的な人工知能技術であるニューラルネットワーク（ANN）を利用した，地盤情報の空間推定と推定結果の利用事例[13]-[16]を紹介する．

図7.4は地盤情報の空間推定に使用したボーリング調査の位置を示している．空間推定の対象とした地盤は，神戸空港島の完新世粘土（Ma13）層である．地盤調査は，護岸，滑走路，管制塔および旅客ターミナルビル等の重要構造物が建設される地点では比較的に密に行われているが，それら以外では数が限られている．今回の空間推定では，関西圏地盤情報データベースから，解析対象地域における99本のボーリング調査情報を抽出し，それぞれのボーリング調査において，深度毎に行われた1726個の調査結果を使用した．次にそれら調査結果を利用して，ANNによって空間推定モデルを構築した．図7.5に示すように，ボーリング調査における試験試料の採取位置の情報（北緯，東経，標高）を入力値とし，地盤情報を出力値とした．なお，圧縮曲線を推定する際には，入力値に圧密試験における圧密圧力を加えた．空間推定モデルの構築にあたっては，1726個の調査結果をランダムに約70％の学習用データと残り約30％の検証用データに分けた．そして，まず学習用データをANNに学習させることにより空間推定モデルを構築した．次に，

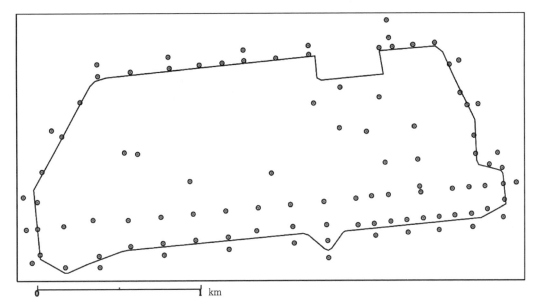

図7.4 ボーリング調査の位置

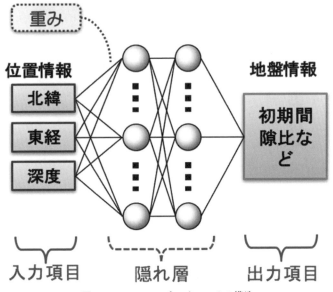

図7.5 ニューラルネットワークの構造

検証用データによって空間推定モデルの推定精度を確認した．このようにして，各地盤調査の項目に対する空間推定モデルを構築し，それらに，Ma13層の任意地点の位置情報を与えることで，地盤情報の空間分布を推定した．

図7.6は含水比に対する空間推定結果を示している．海底面から深度が増すにつれ自然含水比は単調に減少している．これは，深度が増すことにより土被り圧が増加し，自重圧密によって自然含水比が減ったためである．また，平面的にみれば，含水比は北西角から南東角に向かって大きくなっている．これは，大阪湾断層の影響により，北西から南東に向かって水深が深くなっているためである．つまり，水深が深いほど細粒なものが堆積するため北西角から東南角に向かっ

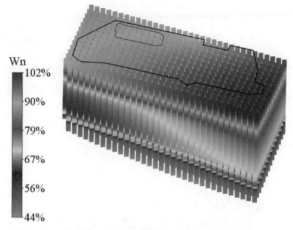

図7.6 含水比に対する空間推定結果

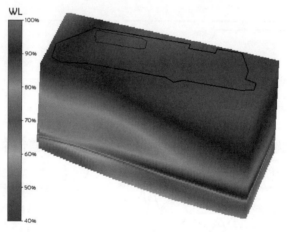

図7.7 液性限界に対する空間推定結果

て含水比が増加したものと考えられる．また，図7.7は液性限界に対する空間推定結果を示している．液性限界の分布の特徴と含水比のそれとは類似している．類似点としては，海底面から深度が増すにつれ液性限界は減少する．平面的にみれば，北西から東南に向かって液性限界は大きくなることが挙げられる．このような特徴を示す理由としては，先に述べた含水比の空間分布の説明のとおりである．一方，相違点としては，層の下部において液性限界が90％程度の部分の存在が挙げられる．このような部分が存在することの理由にはついては現在も分かっていない．図7.8は圧縮指数に対する空間推定結果を示している．全般的に見れば，ある一定の深度まで圧縮指数は深度方向にほとんど変化しない．層の下部において，圧縮指数は急激に増加し，最大値になった後，急減する．圧縮指数が最大値になる部分では，液性限界が90％に達している（図7.7参照）．ほぼ等しい液性限界を持ちながら，層の上部の圧縮指数よりも下部のそれの方が大きい[17]．これは，年代効果の影響であると考えられる[18]．また，圧縮指数は，西から東へ向かうにつれ増加する傾向を示しており，液性限界の分布特性とほぼ対応している．図7.9は圧縮曲線に対する空間推定事例を示している．推定値は試験結果を忠実に再現している．特に，Sample BとCはほぼ完全に一致している．以上のように，ANNによって圧縮曲線といった粘土の力学挙動も空

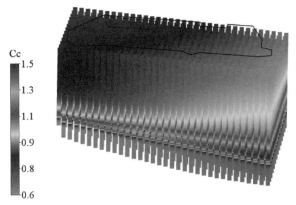

図7.8 圧縮指数に対する空間推定結果

間推定することができる．紙面の都合上，掲載してはいないが，間隙比，一軸圧縮強度，透水係数など空港島の圧密沈下や安定計算に関わる地盤定数も推定できている[13),14)]．

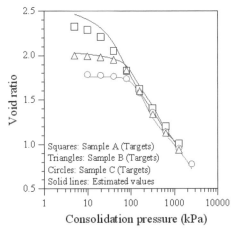

図7.9 圧縮曲線に対する空間推定事例

さて，推定結果の活用例を2つ示す．図7.10は神戸空港の護岸部のある地点における一軸圧縮強度の深度分布を示している[19)]．図中，○は地盤調査結果，赤線は当初設計における設計強度の深度分布を示している．当初設計では深度15mを境とする二本の直線によって設計強度の深度分布を評価している．このような評価は，誰にでも出来る訳ではなく，この地域の地盤を精通したベテランの技術者であればこそ可能であると考えられる．そこで，当初設計の設計強度の深度分布と地盤調査結果の関係を考慮して，ANNによる一軸圧縮強度の空間推定結果を利用して評価した提案強度定数が緑色の実線である．緑線は深度15m付近を除き，当初設計の設計強度の深度分布とほぼ一致している．このように，ANNによる空間推定結果をうまく利用すれば，ベテラン技術者が経験に基づき人為的に決定した設計強度の深度分布を再現することができる．

もう一つは，埋立に伴う沈下量の推定に関する事例である．先に述べたように，神戸空港島の海底地盤は北西から南東に向けて傾斜しているため，層厚や圧密定数が空港島内で均一でない．このため，地点毎に沈下量が異なると考えられる．図7.11は滑走路沿いの5地点における埋立に伴う海底地盤の沈下量の実測値と再現解析結果を示している[20)]．再現解析は，Ma13層のみを

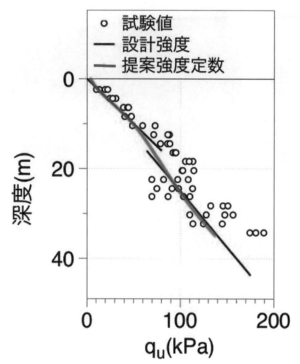

図 7.10 一軸圧縮強度と設計強度の深度分布

対象とし，また，用いた地盤情報は ANN によって推定されたものである．ANN によって計算に必要な地盤情報を適切に推定できたため，地点毎に異なる沈下挙動をほぼ忠実に再現出来ていることが分かる．また，ANN による空間推定では，地盤情報の推定値だけでなくその値が持つ誤差も評価することが出来る．つまり，推定された地盤情報を利用して求めた値だけでなく，その誤差評価も可能になる．図 7.12 は空港島内の別の地点において誤差を考慮して求めた Ma13 層の沈下量の頻度分布を示している[21]．沈下量の最小値は 5.56 m，最大値は 8.07 m，平均値は 6.63 m および標準偏差は 0.47 m である．頻度分布が正規分布に従うと仮定すると，平均値に標準偏差を加えた 7.10 m 以下の沈下が生じる確率は約 84 % である．また，平均値の 1.1 倍の 7.30 m 以下の沈下が生じる確率は約 92 % である．このように，誤差を考慮することで，予測される沈下量の確からしさが分かり，設計上の余裕高さを定量的に評価することが出来る．

なお，ニューラルネットワークを用いた地盤情報の空間推定は古くから行われており，国内外において多数の事例があることを記しておく．

7.4 教師あり学習の応用例（その 2）

通常，土砂災害は，豪雨などの誘因によって引き起こされる．ただし，土砂災害の発生には，地形や地質といった素因の影響を無視することはできない．そのため，土砂災害の発生の推定精度向上のためには，誘因である気象予測情報の精度向上に加え，発災の推定に素因情報を考慮する必要がある．以下では，素因情報のうち地形情報を考慮した土砂災害の発生を推定するモデルの構築とその推定精度について紹介する．

7.4 教師あり学習の応用例（その2） *91*

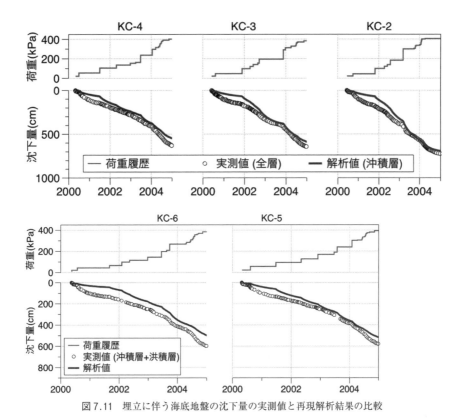

図 7.11 埋立に伴う海底地盤の沈下量の実測値と再現解析結果の比較

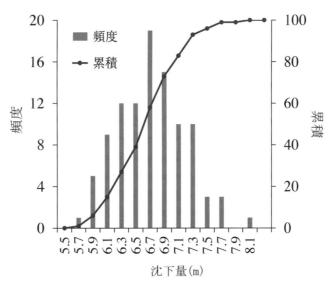

図 7.12 誤差を考慮した Ma13 層の推定沈下量の頻度分布

図7.13は土砂災害発災推定モデルの構築を試みた対象地域を示している[22]．対象地域は，兵庫県丹波市北部地域を中心とした約20km四方の地域であり，この地域では，平成26年8月16日，17日の記録的な豪雨（平成26年8月豪雨）によって，斜面崩壊や土石流などの土砂災害が多数発生した[23]．まず，約1km四方の標準地域3次メッシュ[24]を検討の基本単位エリアとして，気象庁から提供される気象情報の基礎単位と対応するようにこの地域を400個のメッシュに分割した．図7.13において，赤色のメッシュでは写真判読の結果，土砂災害の発生が認められた[25]．

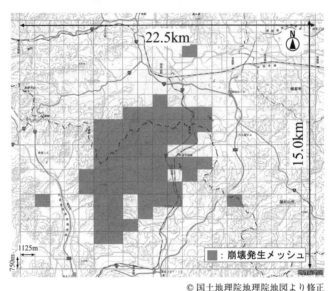

©国土地理院地理院地図より修正

図7.13　検討の対象地域

次に，土砂災害の誘因である降雨を特徴付ける指標として，60分間積算雨量と土壌雨量指数[26]を選んだ．60分間積算雨量については解析雨量[27]を使用した．一方，土壌雨量指数については解析雨量を使って独自に計算した．また，斜面崩壊や洪水氾濫の発生時刻は同年8月17日午前2時頃から3時頃であるとされた[23]ため，当該豪雨による斜面崩壊の発生時刻を同年同月17日3時とし，研究対象地域内で一律に取り扱うこととした．図7.14は，各地域メッシュにおける平成26年8月17日3時における60分間積算雨量と土壌雨量指数の関係を示している．60分間積算雨量と土壌雨量指数の両者が大きいときに必ずしも土砂災害が発生しているわけでも，また，両者が小さいときに土砂災害が発生していないわけでもないことが分かる．このように，土砂災害の発生は，直接的な誘因である降雨だけでは説明し得るものではない．

土砂災害の素因について，まず，航空写真に基づき，各地域メッシュの地形特性を，「山地メッシュ」，「平地メッシュ」および「混在メッシュ」の3つのカテゴリーに区分した[22]．次に，各地域メッシュの地形特性をいくつかの指標を用いて数値的に表現した．指標としては，斜面勾配[28]とラプラシアン[29]を用いた．なお，両者の計算に当たっては，10mDEMの標高値を利用した．10mDEMを用いると，一つの地域メッシュ単位で格子点は約8000個になる．これを全て指標として用いることは現実的でないので，それぞれの指標の平均値と標準偏差を利用して地域メッシュ毎の地形特性を表現した[22]．表7.5はこのようにして作成された素因情報，誘因情報および土砂災害の有無に関するデータベースの一部を示している．データベースでは400個の地域メ

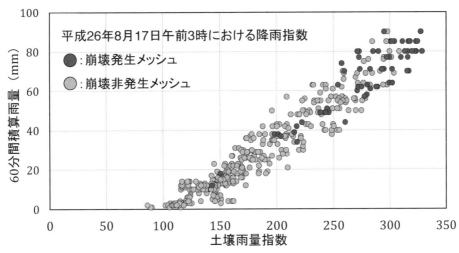

図7.14　60分間積算雨量と土壌雨量指数の関係

表7.5　データベースの一部

| メッシュ番号 | 地形特性 ||||| 降雨条件 || 土砂災害 |
| | 地形分類 | 斜面勾配 || ラプラシアン || 平成26年8月17日 AM3:00の降雨指数 || |
		平均 (°)	標準偏差 (°)	平均 (/m)	標準偏差 (/m)	60分間積算雨量 (mm)	土壌雨量指数 (mm)	
52356000	混在	18.69	15.37	5.52E-5	2.80E-2	18	173.1	非発生
52356001	混在	29.03	15.12	-6.37E-4	4.06E-2	25	192.2	非発生
:	:	:	:	:	:	:	:	:
52357198	混在	9.65	9.33	1.78E-4	2.28E-2	55	236.1	非発生
52357199	混在	25.49	12.86	-8.33E-4	3.98E-2	48	220.1	非発生

ッシュの情報がまとめられている．

　土砂災害発災推定モデルの構築に際し，事前検討としていくつかの機械学習法によって推定モデルの構築を行った[30]．その結果，ランダムフォレスト（RF）[31)-33)]の推定精度が最も高かった．そのため，RFによって土砂災害発災推定モデルの構築を行った．その際，使用する素因情報の種類を変えて，推定精度に対するそれらの影響を検討した[34)]．表7.6は解析ケースを示している．土砂災害発災推定モデルの構築にあたっては，400個の地域メッシュの情報をランダムに学習用に300個，検証用に100個に分割した．そして，学習用のデータを使ってモデルを構築し，残りの100個のデータでモデルの推定精度を検証した．表7から10は検証結果を示している．降雨に関する情報だけを入力にしているCASE-1では，実際に土砂災害が発災した16個の地域メッシュのうち，半数以下の7個しか推定できていない．降雨に関する情報に加え，地形分類も入力情報にしたCASE-2では，16個の地域メッシュのうち14個を的中させており，推定精度を大きく向上させている．しかし，土砂災害の発災が認められなかった地域メッシュについては，84個

94　　7章　地盤分野への応用

表7.6　解析ケース

解析ケース	入力				出力
	地形分類	斜面勾配	ラプラシアン	降雨指数	土砂災害の有無
CASE-1				○	○
CASE-2	○			○	○
CASE-3		○		○	○
CASE-4		○	○	○	○

表7.7　検証結果（CASE-1）

検証用		実績群	
		発災	発災無し
推定群	発災	7	6
	発災無し	9	78

表7.8　検証結果（CASE-2）

検証用		実績群	
		発災	発災無し
推定群	発災	14	9
	発災無し	2	75

表7.9　検証結果（CASE-3）

検証用		実績群	
		発災	発災無し
推定群	発災	15	7
	発災無し	1	77

表7.10　検証結果（CASE-4）

検証用		実績群	
		発災	発災無し
推定群	発災	15	3
	発災無し	1	81

のうち75個を的中させるに止まっており，逆に推定精度を低下させている．降雨に関する情報に斜面勾配を入力情報に加えたCASE-3では，土砂災害が発災した16個の地域メッシュのうち15個を的中させているが，土砂災害の発災が認められなかった地域メッシュについては，84個のうち77個を的中させるに止まっている．降雨に関する情報に斜面勾配とラプラシアンを入力情報に加えたCASE-4では，土砂災害が発災した16個の地域メッシュのうち15個を的中させ，また，土砂災害の発災が認められなかった地域メッシュについても84個のうち81個を的中させている．以上の結果から，降雨指標だけでなく，カテゴリー区分程度であっても何らかの形で地

形情報を取り入れることで，土砂災害発災推定モデルの精度向上が図られること，また，複数の地形情報を用いることで精度の向上が図られることが分かった．

さて，構築した土砂災害発災推定モデルの活用方法はいくつか考えられる．ここでは，そのひとつとしてハザードマップの作成を挙げる．図 7.15 は 60 分間積算雨量が 50 mm，土壌雨量指数が 246 の時に土砂災害が発生すると推定されたメッシュの分布を示している．図中の赤いメッシュは土砂災害が発生すると推定されたことを示している．同一の降雨であっても地域毎に土砂災害の状況が異なることが示唆される．今回の検討では，一つの降雨イベントのみで土砂災害発災推定モデルを作成したが，過去の降雨履歴を学習させればよりより適切なモデルが構築できるものと考えられる．

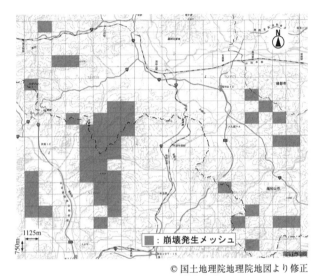

図 7.15　土砂災害の発災が推定されたメッシュの分布

なお，土砂災害や斜面崩壊について，素因情報や誘因情報を人工知能によって検討した研究としては，佐藤ら[35]，荒木ら[36]，菊池ら[37]によるものがあり，興味のある方は参照していただきたい．

7.5　データ同化の応用例

近年，センサの小型化・低コスト化により，現地斜面にセンサを埋設し，地表面変位・傾斜，体積含水率，土壌水分吸引水頭，地下水位などを計測するモニタリングシステムが普及している．このような斜面モニタリングシステムは，斜面崩壊発生の予兆をとらえること本来の目的としているが，システムそのものは基本的に常時活動している．そのため，斜面崩壊を引き起こさない程度の発生頻度の高い降雨時の計測結果が膨大に蓄積されることになる．本来の目的からすれば，そのような計測結果は破棄されるか死蔵されるかのいずれかであるが，それらを有効利用し，異常降雨時における土中水分量や地下水位を適切に予測するモデルを構築することが出来れば，斜面防災対策として非常に有用である．そのような背景の下に，体積含水率の現地計測結果を用い，不飽和浸透解析パラメータの同定と同定されたパラメータを用いた不飽和浸透解析の解析的外挿の妥当性や同定手法の汎用性についての検討事例[38]を紹介する．

96 7章 地盤分野への応用

不飽和状態にある土中での水の浸透は重力方向の流れが卓越するため，不飽和土中の水の連続式であるリチャーズ式[39]は式(7.1)に示すように鉛直1次元状態に簡略化できる．

$$C \cdot \frac{\partial \psi}{\partial t} = \frac{\partial}{\partial z} \left\{ k \left(\frac{\partial \psi}{\partial z} + 1 \right) \right\} \tag{7.1}$$

ここに，t は時間，z は上向き正の鉛直座標，k は不飽和透水係数である．C は式(7.2)で表される比水分容量である．

$$C = \frac{\partial \theta}{\partial \psi} \tag{7.2}$$

ここに，θ は体積含水率，ψ は土壌水分吸引水頭を表している．この θ と ψ の関係を表現するモデルが水分特性曲線であり，不飽和土中の浸透挙動を支配する最も重要な関係である．ここでは，水分特性曲線として，式(7.3)で示す van Genuchten モデル[40]を用いる．van Genuchten モデルは連続した傾きをもつ滑らかな関数で表されるため，数値計算との相性が良く，またどの様な水分特性曲線の実測値も比較的精度よく再現できることから，広く一般的に用いられている．

$$S_e = \frac{\theta - \theta_r}{\theta_s - \theta_r} = \left\{ \frac{1}{1 + (-\alpha \cdot \psi)^n} \right\} \tag{7.3}$$

ここに，S_e は有効飽和度であり，θ_s は飽和体積含水率，θ_r は残留体積含水率である．また，$\alpha(1/\text{cm})$ と n は水分特性曲線の形状を制御するパラメータである．一方，式(7.1)中の不飽和透水係数 k も，一定でなく不飽和土中の水分状況（θ や ψ）によって変化する．θ や ψ から不飽和透水係数 k を算出するモデルが不飽和透水係数モデルである．ここでは，不飽和透水係数モデルとして，Mualem モデル[41]を用いる．Mualem モデルに式(7.3)の示す van Genuchten モデルを代入して得られる不飽和透水係数モデルを式(7.4)に示す．

$$k = k_s \cdot S_e^{0.5} \cdot \left\{ 1 - \left(1 - S_e^{\frac{n}{n-1}} \right)^{1 - \frac{1}{n}} \right\}^2 \tag{7.4}$$

ここに，$k_s(\text{cm/sec})$ は飽和透水係数である．以上，式(7.1)から(7.4)までの未知パラメータは θ_s，θ_r，α，n および k_s の5種類である．つまり，この5種類のパラメータを適切に決定することが出来れば，適切な不飽和浸透解析モデルが構築でき，斜面への雨水浸透挙動を表現出来ると考えられる．

パラメータの推定にあたっては，粒子フィルタ[42]（PF）というデータ同化手法を用いる．PF は，システムの状態に関する確率分布を粒子と呼ばれる多数の実現値集合（アンサンブル）で近似的に表現し，ベイズの定理を応用して各粒子の時間推移を数値的に評価するデータ同化手法である．それぞれの粒子は，数値解析モデル（初期条件，境界条件，パラメータ）の情報と，それぞれの数値解析モデルにおいてシミュレーションを行って算出される各時刻の物理量を情報として有している．PF では，シミュレーションの線形性やノイズのガウス性の仮定を前提としないため，一般的なモデルの同定問題に対しても容易に適用できる柔軟なデータ同化手法である．図7.16 は今回用いた PF によるデータ同化の概念図である．PF には，様々なアルゴリズムが存在するが，今回用いた Sampling Importance Re-sampling（SIR）[43]では，3つの計算ステップ（1期先予測，

フィルタリング，リサンプリング）を繰り返して，各粒子の時間推移を評価する．粒子数を N とすると，1期先予測では時刻 $t-1$ から t までのシミュレーションを N 通り実施する．つまり，粒子数分の順解析を行い，各時刻における全粒子に対する物理量を算出する（図 7.16 (a)）．次に，観測データに基づいてフィルタリングを行う．フィルタリングでは，ベイズの定理を利用して，各粒子に与えられる重みを算出する．すなわち，時刻 t における観測データとシミュレーション結果の誤差が小さい粒子には大きな重みが与えられ，誤差が大きい粒子に対する重みは小さくする（図 7.16 (b)）．最後に，各粒子の重みを再度統一するため，リサンプリングを行う．この際，フィルタリングの段階で大きな重みが与えられた粒子は複製され，与えられた重みが小さい粒子は消滅する（図 7.16 (c)）．このように，3 つの計算ステップを逐次繰り返すことにより，観測データに適合する粒子が残る．最終的に，適合した粒子に対して，重みに応じた粒子の確率分布が得られることになる．したがって本来は確率論的に評価すべきではあるが，ここでは，便宜上，それらを重み付き平均し，一つの解析結果として取り扱う．

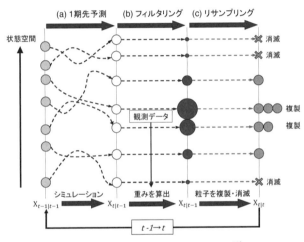

図 7.16　SIR のアルゴリズムの概念図[42]

では，実際に体積含水率の現場計測結果から，不飽和浸透解析における未知パラメータを同定してみる．解析の対象は，九州地方に位置する高速道路沿いの切土斜面である[38]．地質的には，花崗岩が基盤であり，表層土はマサ土である．図 7.17 は現地計測点の概要を示している．深度 30 cm と 60 cm に土壌水分計，観測点の周辺に，転倒桝型雨量計も設置した．両者ともに 10 分間隔で計測を行った．まず，一年に複数回計測される程度の降雨（以下，降雨 [1]（弱）と呼ぶ）を使って，先に述べた 5 種類のパラメータを決定し，不飽和浸透解析モデルを構築する．

図 7.18 は解析モデルを示している．観測点が 2 つあることから，それぞれの点が入るように，単純に 18 個の要素ずつの上下に分割した．その結果，上下それぞれで 5 種類合計で 10 個のパラメータを同定することになった．表 7.11 は同定されたパラメータを示している．図 7.19 は，このパラメータを使用した降雨 [1]（弱）に対する雨水浸透挙動の再現解析結果を示している．決定されたパラメータは現地計測結果に対する再現性が高いことが分かる．ただし，パラメータは，降雨 [1]（弱）における計測結果を再現できるように決めたわけであるから，この結果は容易に予想されるものである．次に，現地計測期間に計測された最大規模の降雨（以下，降雨 [2]（強）と呼ぶ）における雨水浸透挙動を解析する．図 7.20 は，その結果を示している．体積含水率が上

98   7章 地盤分野への応用

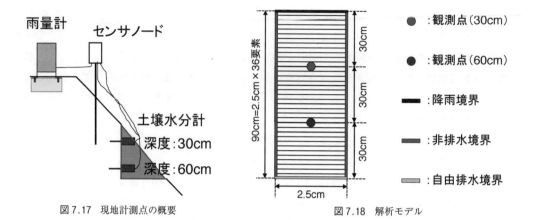

図7.17 現地計測点の概要   図7.18 解析モデル

表7.11 同定されたパラメータ

	θ_s	θ_r	α(1/cm)	n	k_s(cm/min)
上層	0.5346	0.1145	0.0600	1.3554	2.0735
下層	0.5351	0.1454	0.0344	1.3494	2.0479

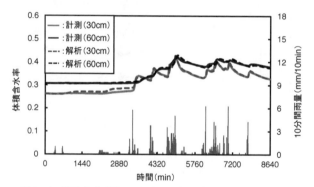

図7.19 降雨［1］（弱）における雨水浸透挙動の再現解析結果

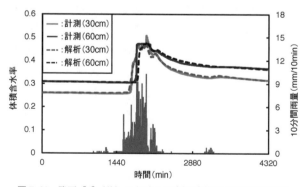

図7.20 降雨［2］（強）における雨水浸透挙動の再現解析結果

昇するタイミングやピーク値などにも大きな不整合は見られず，解析結果は現地計測結果と概ね合致している．この結果は，弱い降雨時（降雨［1］（弱））の現地計測結果を基に同定されたパラメータを用いた不飽和浸透解析が，計測期間中に経験したことがない強い降雨時（降雨［2］（強））の雨水浸透挙動を精度良く予測できることを意味している．つまり，未経験の降雨外力に対する解析的外挿ができたことを示している．

この手法の他の現地計測に適用した事例をいくつか紹介する．図 7.21 は完全には風化していないマサ土の切土斜面における体積含水率の現地計測[44]，図 7.22 は粘性シルトの切土斜面における体積含水率の現地計測[45]および図 7.23 は自然斜面における土壌水分吸引水頭の現地計測に対するデータ同化結果[46]をそれぞれ示している．土質特性や計測方法に関わらず適切に再現できるパラメータが同定できていることが分かる．ここに掲載した現地計測結果以外にもデータ同化によってパラメータの推定は行っており，また，掲載した結果も含め，いくつかでは解析的外挿が可能であることを確かめている．この手法を使えば，土質特性や計測方法に関わらず雨水浸透挙動を適切に再現できる不飽和浸透モデルを構築できる．つまり，一旦，不飽和浸透モデルを構

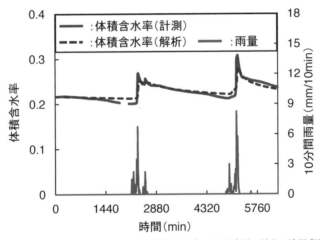

図 7.21 マサ土の切土斜面における体積含水率の現地計測に対する適用事例

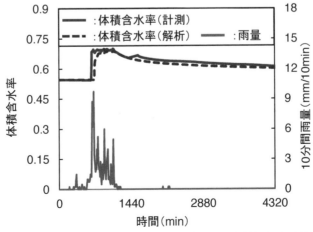

図 7.22 粘性シルトの切土斜面における体積含水率の現地計測に対する適用事例

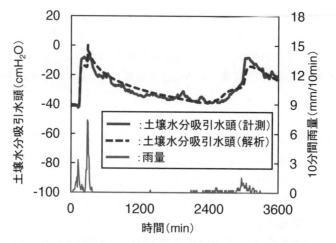

図7.23 自然斜面における土壌吸引水頭の現地計測に対する適用事例

築できれば，同一点において現地計測を無理に継続せずとも現地斜面の土壌水分挙動を再現出来るようになる．メンテナンスの際に現地計測点を移動していけば，移動点毎に不飽和浸透モデルが構築できることになり，それを使えば，その地点の雨水浸透挙動を推定できる．

PFによる不飽和浸透モデルのデータ同化に関する関連研究については参考文献[47]-[52]を参照していただきたい．なお，その他土木分野でのPFの適用事例は，河川工学[53],[54]や構造工学の分野[55],[56]が多い．地盤工学分野では，主として沈下問題に適用されてきた[57]-[62]．模型実験の結果に基づく弾塑性パラメータの推定[57]，実地盤の実測結果に対するPFの適用[58]，地盤構造物内の劣化箇所の同定[60]等がある．

■ 7章　参考文献

1) 徳高平蔵，岸田悟，藤北喜久郎 (1999)：自己組織化マップの応用，多次元情報の2次元可視化，海文堂出版，1-15.
2) 伊藤真一，小田和広，小泉圭吾，梅村恭平，大西貴之 (2013)：SOMと数量化Ⅱ類を併用した豪雨による深層崩壊に対する危険性の評価手法の提案，地下水地盤環境・防災・計測技術に関するシンポジウム論文集，113-116.
3) 伊藤真一，小田和広，小泉圭吾，鏡原聖史，鳥居宣之，朝比奈利廣，宇都忠和，三田村宗樹 (2014)：大規模崩壊に対する危険斜面の抽出における植生情報の有用性の検証，地下水地盤環境・防災・計測技術に関するシンポジウム論文集，169-174.
4) S. Ito, K. Oda, & K. Koizumi (2015): Identification of Slopes with Higher Risk to Sediment Disasters due to Localized Torrential Rains based on Artificial Neural Networks and Mathematical Statistics, Proc. of the 25th ISOPE Conference, 740-746.
5) 村瀬洋一，高田洋，廣瀬毅士 (2012)：SPSSによる多変量解析，オーム社，pp. 273-298.
6) 菅民郎，藤越康祝 (2011)：質的データの判別分析数量化Ⅱ類，現代数学社，pp. 1-191.
7) 大加戸彩香，小山倫史，丸木義文，中井卓巳，大西有三 (2011)：自己組織化マップによる道路斜面点検データの有効活用に関する研究，斜面・のり面の維持管理と防災マネジメントに関するシンポジウム，pp. 1-6.

8）　笠間清伸，西山浩司，本山健士（2014）：自己組織化マップを用いた阿蘇市における土砂災害の分析，第49回地盤工学研究発表会，pp. 1475-1476.

9）　日外勝仁，齋藤敏明，伊東佳彦，橋本祥司（2004）：数量化II類および自己組織化マップによる岩盤斜面危険度評価手法に関する研究，土木学会論文集 No. 771，III-68，pp. 51-60.

10）　神田真太郎，小田和広，小泉圭吾，上出定幸（2011）：自己組織化マップによる道路盛土のクラスタリング方法とその応用，斜面・のり面の維持管理と防災マネジメントに関するシンポジウム，pp. 7-12.

11）　櫻谷慶治，松本聡碩，伊藤真，小泉圭吾，小田和広（2017）：既存データを活用した自己組織化マップによる優先順位付き土中水分量計測のり面抽出手法の提案，地盤と建設，Vol. 35，No. 1，109-116.

12）　http://www.scj.go.jp/ja/info/kohyo/pdf/kohyo-22-t168-1.pdf

13）　K. ODA, M. S. Lee & S. Kitamura（2013）: Spatial Interpolation of consolidation properties of Holocene clays at Kobe Airport using an artificial neural network, International Journal of Geotechnique, Construction Materials and Environment, Vol. 4, No. 1, 423-428.

14）　K. Oda, & K. Yokota（2014）: Statistical Consideration of Holocene Clay Properties Estimated by Artificial Neural Network in Kobe Airport, Proc. of the 24th ISOPE Conference, vol. 2, 579-586.

15）　K. Oda, M. S. Lee & K. Yokota（2014）: Consolidation parameters of Holocene clays determined by artificial neural network and their application to stochastic estimation of settlement, Proc. 2nd ITGE, 193-199.

16）　K. Oda, K. Yokota & L. D. Bu（2015）: Stochastic estimation of consolidation settlement of soft clay layer with artificial neural network, 15th Asian Regional Conference on Soil Mechanics and Geotechnical Engineering, 2529-2534.

17）　長谷川憲孝，松井保，田中泰雄，高橋嘉樹，何部光広（2007）：神戸空港海底地盤における沖積層の圧密特性，土木学会論文集C，Vol. 63，No. 4，pp. 923-935.

18）　山本卓生，坂上敏彦，高橋嘉樹，柳浦良行，南部光広，飯塚敦（2010）：神戸空港における地盤変形解析手法の構築，土木学会論文集C，Vol. 66，No. 3，pp. 457-471.

19）　卜令東，小田和広（2018）：試験値のバラツキを考慮した地盤の非排水せん断強度の客観的決定手法，第53回地盤工学研究発表会，333-334.

20）　卜令東，小田和広（2017）：ニューラルネットワークによって推定された沖積粘土層の圧密定数の妥当性，土木学会第72回年次学術講演会，III部門，825-826.

21）　小田和広，卜令東，山本浩司，藤原照幸（2016）：サンドドレーンが打設された沖積粘土地盤の沈下挙動に関する確率論的考察，第12回地盤改良シンポジウム論文集，59-64.

22）　小田和広，越村謙正，櫻谷慶治，伊藤真一（2017）：1 kmメッシュ単位の地形特性の数値的表現に基づく分類方法の提案，地盤と建設，Vol. 35，No. 1，233-238.

23）　松村有樹・長谷川祐治・藤本将光・中谷加奈・西川友章・笠原拓造・柳沢剛・鏡原聖史・加藤智久・岡野和行・鈴木崇・平岡伸隆（2015）：2014年8月豪雨による兵庫県丹波市で発生した土砂災害，砂防学会誌，Vol. 68，No. 1，p. 60 ～ 67.

24）　総務省統計局：地域メッシュ統計の特質・沿革，http://www.stat.go.jp/data/mesh/pdf/gaiyo1.pdf.(last accessed: 2018/02/13).

25）　越村謙正，小田和広，櫻谷慶治，伊藤真一（2017）：平成26年8月豪雨による崩壊発生地域における統計量の分析とSOM解析に基づく地形特性の考察，Kansai Geo-Symposium 2017 —地下水地盤環境・防災，計測技術に関するシンポジウム—論文集，pp. 270-275.

26) 気象庁：土壌雨量指数，http://www.jma.go.jp/jma/kishou/know/bosai/dojoshisu.html，(last accessed: 2018/02/13).

27) 気象庁：解析雨量，http://www.jma.go.jp/jma/kishou/know/kurashi/kaiseki.html，(last accessed: 2018/02/09).

28) 鏡原聖史・植田充教・沖村孝（2015）：近年の強雨による斜面崩壊の発生メカニズムに関する一考察，建設工学研究所論文報告集第 57 号，37 〜 56.

29) 佐藤丈晴・中島翔吾（2015）：大規模崩壊の兆候となる微地形の抽出手法—天川村における評価事例—，日本地すべり学会誌，Vol. 52，No. 3，141 〜 145.

30) 伊藤真一・小田和広・小泉圭吾・越村謙正・廣岡真一・卜令東（2017）：機械学習に基づく集中豪雨時の土砂災害に対するマクロ的危険度評価，Kansai Geo-Symposium 2017 —地下水地盤環境・防災，計測技術に関するシンポジウム—論文集，264-269.

31) LEO, BREIMAN (2001): Random Forests, Machine Learning, No. 45, 5 〜 32, 2001.

32) 波部斉（2012）：ランダムフォレスト，情報処理学会研究報告，Vol. 2012-CVIM-182，No. 31，1 〜 8.

33) 平井有三（2016）：はじめてのパターン認識，森北出版株式会社，pp. 1 〜 20，175 〜 197.

34) 越村謙正，小田和広，伊藤真一（2018）：斜面崩壊発生予測モデルの構築における地形特性パラメータの適用性，第 53 回地盤工学研究発表会，2029-2030.

35) 佐藤浩，関口辰夫，神谷泉，本間信一（2005）：斜面崩壊の危険度評価におけるニューラルネットワークと最尤法分類の比較，日本地すべり学会誌，Vol. 42，No. 4，293-302.

36) 荒木義則，古川浩平，松井範明，大城戸孝也，石川芳治，水山高久（1997）：ニューラルネットワークを用いた土石流危険渓における土砂崩壊のリアルタイム発生予測に関する研究，土木学会論文集，No. 581，VI-37，107-121.

37) 菊地英明，古川浩平，小山保郎，奥園誠之，西岡勲（1999）：標準化されたデータベースと降雨要因を用いた豪雨時における切土のり面リアルタイム崩壊予測について，土木学会論文集，No. 637，VI-45，63-77.

38) 伊藤真一，小田和広，小泉圭吾，臼木陽平（2016）：現地計測結果に基づく土壌水分特性パラメータ同定に対する粒子フィルタの適用，土木学会論文集 C，Vol. 72，No. 4，354-367，2016.

39) Richards, L. A. (1931): Capillary conduction of liquids through porous mediums, Physics, Vol. 1, 318-333.

40) van Genuchten, M. (1978): Calculating the unsaturated hydraulic conductivity with a new closed-form analytical model, Research Report, No. 78-WR-08, Princeton Univ.

41) Mualem, Y. (1976): A New Model for Predicting the Hydraulic Conductivity of Unsaturated Porous Media, Water Resources Reserch, Vol. 12, 513-522.

42) 樋口知之（2011）：予測にいかす統計モデリングの基本，講談社，25-120.

43) Doucet, A., Godsill, S. and Andrieu, C. (2000): On sequential Monte Carlo sampling methods for Bayesian filtering, Statistics and Computing, Vol. 10, 197-208.

44) 藤本彩乃，伊藤真一，小田和広，小泉圭吾，櫻谷慶治（2017）：まさ土切土斜面の土壌水分特性推定における粒子フィルタの適用性，土木学会第 72 回年次学術講演会，III 部門，283-284.

45) 大段恵司，伊藤真一，藤本彩乃，小田和広，小泉圭吾，櫻谷慶治（2017）：粘土質シルトで構成される切土斜面における土壌水分特性のデータ同化，土木学会第 72 回年次学術講演会，III 部門，285-286.

46) 藤本彩乃，伊藤真一，小田和広，横川京香，鳥居宣之，藤本将光，小山倫史（2018）：サクション

の現地計測結果に基づく粒子フィルタによる土壌水分特性パラメータの推定，第53回地盤工学研究発表会，2023-2024.

47) 伊藤真一，小田和広，小泉圭吾（2016）：現地計測に基づく土壌水分特性パラメータの逆解析における粒子フィルタの有用性，Kansai Geo-Symposium 2016 ―地下水地盤環境・防災・計測技術に関するシンポジウム―，253-258.

48) 伊藤真一，小田和広，小泉圭吾（2017）：粒子フィルタによる土壌水分特性パラメータの同定に対するリサンプリングの影響，土木学会論文集 A2（応用力学），Vol. 72，No. 2，I_63-I_74.

49) 伊藤真一，小田和広，小泉圭吾，櫻谷慶治（2017）：体積含水率の現地計測結果に基づく浸透解析モデルのデータ同化，地盤工学会誌，Vol. 65，No. 10，10-13.

50) 伊藤真一，小田和広，櫻谷慶治，藤本彩乃，横川京香（2017）：粒子フィルタに基づくヒステリシスを考慮した土壌水分特性のデータ同化，地盤と建設，Vol. 35，No. 1，177-184.

51) 伊藤真一，小田和広，小泉圭吾，藤本彩乃，越村謙正（2017）：現地計測に基づく浸透解析モデルのデータ同化に対する融合粒子フィルタの有用性の検証，土木学会論文集 A2，Vol. 73，No. 2，I_45-I_53.

52) 藤本彩乃，小田和広，伊藤真一，越村謙正（2017）：粒子フィルタによる土壌水分特性パラメータの実用的な推定方法に関する研究，土木学会論文集 A2，Vol. 73，No. 2，I_105-I_113.

53) 立川康人，須藤純一，椎葉充晴，萬和明，キムスンミン（2011）：粒子フィルタを用いた河川水位の実時間予測手法，土木学会論文集 B1，Vol. 67，No. 4，pp. II_511-II_516.

54) 高野晃平，河村明，高崎忠勝，天口英雄，中川直子（2012）：エリート戦略を用いた粒フィルタによる USF モデルの実時間流出予測特性，第39回土木学会関東支部技術研究発表会，II-39.

55) 松岡弘大，貝戸清之，徳永宗正，渡辺勉，曽我部正道（2013）：逐次型データ同化を利用した列車走行時の橋梁加速度応答に基づく変位推計，土木学会論文集 A1，Vol. 69，No. 3，527-542.

56) 吉田郁政，鈴木修一，秋山充良（2010）：SMCS を用いた RC 構造物劣化度逆推定のため塩化物イオン濃度計測誤差のモデル化，応用力学論文集，Vol. 13，79-88.

57) 西村伸一，珠玖隆行，山田典弘，柴田俊文（2013）：模型実験結果に基づく長期沈下予測法の検証，土木学会論文集 A2，Vol. 69，No. 2，I_29-I_38.

58) 珠玖隆行，村上章，西村伸一，藤澤和謙，中村和幸（2010）：粒子フィルタによる神戸空港沈下挙動のデータ同化，応用力学論文集，Vol. 13，67-77.

59) 村上章，西村伸一，藤澤和謙，中村和幸，樋口知之（2009）：粒子フィルタによる地盤解析のデータ同化，応用力学論文集，Vol. 12，99-105.

60) 珠玖隆行，西村伸一，藤澤和謙（2012）：データ同化による地盤構造物内の劣化箇所同定に関する基礎的研究，土木学会論文集 A2，Vol. 68，No. 2，I_89-I_101.

104

8章 ——————————————————————————

土木計画分野への応用

　人工知能（AI）とは，計算機を用いて人工的な知能を実現しようとする広範囲な研究分野である．ここでは，土木計画学におけるAIの応用について考える．これまで，人工知能の研究の進展を踏まえて，土木計画分野においてもいくつかの応用的な動向を考えることができる[1]．これまでの土木計画への応用を，歴史的経過に基づいて整理すると，①人工知能の基本的技術としてのエキスパートシステム，ファジィ推論など知識ベースを用いた情報処理，②機械学習に関係する統計的あるいは帰納的な学習方法，データマイニング手法，③分散人工知能（DAI）としてのマルチエージェントモデル，人工社会モデルなどが，土木計画の各種課題に適用されてきた．さらに，今世紀においては，④ビッグデータの普及と深層学習（ディープラーニング）による問題解決システムの開発が進んでいる．

　本稿ではこれらの各技術に関する代表的な研究例を挙げて，土木計画分野におけるAI技術の適用について述べる．すなわち，大別して以下のような整理を行う．

（1）知識ベースシステム（ファジィ推論）
（2）データマイニング手法（ファジィ決定木）
（3）人工社会モデル（マルチエージェント）
（4）深層学習（ディープラーニング）

8.1　知識ベースシステム（ファジィ推論）

　人間の知識をデータベース化して利用する計算機システムを知識ベースシステムとよぶ．このうち，特定の専門家の知識を利用した計算機システムをエキスパートシステムという．初期の人工知能において，実用的な知識ベースシステムとして，エキスパートシステムが作成された．このとき，方法論の側面から知識ベースをIF/THEN型のルール群で表現したものをプロダクションシステムという．このとき通常のプロダクションシステムは，知識ベースシステムの基本モデルとして適用される[2]．

　知識ベースシステムにおいては，知識を用いた「推論モデル」が一般的である．なかでも，土木計画においては，対象となる問題が人間の意思決定を基本とする場合が多く，あいまい性を考慮したファジィ推論の適用例が知られている．特に交通行動分析に関する交通機関選択，交通経路選択などの交通行動者の記述モデルに適用されている．

ファジィ推論は，IF/THEN 形式の推論であり，あいまいな意思決定を表現する．たとえば，

$$IF\ x\ is\ \bar{3}\ THEN\ y\ is\ \bar{8}\ （もし\ \ x\ が3ぐらい\ \ ならば\ \ y\ を8ぐらいとする）$$

というファジィ推論が定式化される．ここで，$\bar{3}$ と $\bar{8}$ はそれぞれ「3 ぐらい」「8 ぐらい」という
ファジィ数である．一般的にはファジィ数 A とファジィ数 B から，ファジィ推論の含意である
ファジィ関係 R を用いて，つぎのように定式化できる．

$$R = A \Rightarrow B : IF\ x\ is\ A\ THEN\ y\ is\ B$$

この含意を用いて，新規の事実（ファジィ数）A' に対する推論を $B' = A' \circ R$ として算定する．
ここで，ファジィ関係 R をファジィ数 A，ファジィ数 B のメンバシップ関数により記述する．こ
のとき，このファジィ推論の帰結はつぎのように定式化される．

$$\mu_{B'}(y) = \bigvee_{x} \{\mu_{A'}(x) \wedge \mu_{A \Rightarrow B}(x,\ y)\}$$
$$= \bigvee_{x} \{\mu_{A'}(x) \wedge [\mu_A(x) \to \mu_B(y)]\}$$

ここで，$a \to b = a \wedge b$ （*Mamdani*）を用いると

$$\mu_{B'}(y) = \bigvee_{x} \{\mu_{A'}(x) \wedge [\mu_A(x) \wedge \mu_B(y)]\}$$
$$= \bigvee_{x} \{[\mu_{A'}(x) \wedge \mu_A(x)] \wedge \mu_B(y)\}$$
$$= @ \wedge \mu_B(y)$$

ここで，@ は，知識内の事実 A と推計に用いられる新事実 A' の「一致度」を表す．すなわち，
この推論の帰結「$y\ is\ B$」を @ の度合いだけ利用するという意味である．

ここでは都市交通計画におけるファジィ推論モデルの適用例を紹介する．交通行動モデルは，
都市交通計画において交通行動者の意思決定過程をモデル化するものである．このとき，交通機
関選択，交通経路選択，活動内容選択などモデル化が必要となる．ここではファジィ推論を用い
た交通機関選択モデルを紹介する[1]．

交通機関選択問題は，交通行動者が交通機関（自動車・バス・電車・自転車・徒歩など）に対
するそれぞれの属性に基づいて，いずれかの交通機関を選択する行動を推計するものであり，交
通行動分析における基本的なモデルとなっている．ここでは，公共交通機関と自動車の選択問題
（二項問題）を取り上げる．このとき説明変数は，二種類の交通機関に関する所要時間差（DTT）
と所要費用差（DTC）運行時間間隔（公共交通機関）（DTP），運転免許の保有・非保有（LIO），
年齢（AGE），公共交通機関の利用可能性（POS）である．

交通行動モデルの作成に用いるサンプルは，地方都市（岐阜市）の全トリップ数 1373 であり，
このうち，モデル推計用データは 1073 件，モデル検証用データが 300 件である．

実際のファジィ推論モデルでは，複数ルール群を用いてファジィ推論結果を統合する．すなわ
ち，ファジィ推論モデルでは，①含意公式，②推論結果の合成，③非ファジィ化の各方法の組み
合わせが可能である．標準的手法として，①論理積，②論理和，③重心を用いる方法（min-max-
gravity 法），①代数積，②代数和，③重心を用いる方法（代数積―加算―重心法）などが知られ

ている．

ここでは，代数積―加算―重心法の特殊形である簡略ファジィ推論法（singleton fuzzy reasoning）を用いる．

具体的なファジィ推論のルール群を示すと図8.1のようである．

Rule 1 IF DTT is large and LIO is positive   *THEN POS is very small*
Rule 2 IF DTT is small and DTP is small and LIO is negative   *THEN POS is very large*
Rule 3 IF DTC is large and DPT is large   *THEN POS is very small*
Rule 4 IF DTT is small and LIO is negative   *THEN POS is very large*
Rule 5 IF DTT is small   *THEN POS is large*
Rule 6 IF DTT is medium   *THEN POS is medium*
Rule 7 IF DTT is positive   *THEN POS is small*

図8.1　ファジィ推論ルール

ファジィ推論ルール群では，それぞれ交通機関（公共交通機関）の選択可能性について，関連要因に基づく推論内容を表現している．

また，前件部の言語変数の形状は，メンバシップ関数に対応している．たとえば，所要時間差についてのメンバシップ関数は図8.2に示すとおりである．

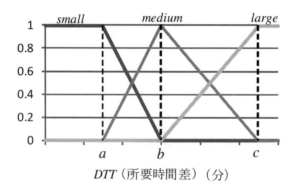

図8.2　所要時間差についての言語変数（前件部）

すなわち，前件部では公共交通機関の選択について，各説明変数に関する条件の一致度を算定する．この際，small, medium, large などの言語変数（linguistic variable）を用いることができる．

実際には，他の説明変数に対するメンバシップ関数も同様に定義される．これより交通機関選択率を推計するファジィ推論モデル（複数ルール）が構成される．

このときのファジィ推論モデルによる推計結果を表8.1に整理する．

表8.1　ファジィ推論モデルの実績値と推計値

実績＼推計	公共交通	自動車	計
公共交通	104	23	127
自動車	24	922	946
計	128	945	1073

8.2　データマイニング手法（ファジィ決定木）　　**107**

交通機関分担モデルにおいて，実績値と推計値が一致する程度を的中率という．このモデルでは，公共交通機関の利用可能性（POS）の値が 0.5 以上の場合に，公共交通利用と判定する．これより，モデルの適合性を検討する．したがって，表 8.1 に示す結果から得られる的中率は (104 + 922)/1073 = 95.6 ％である．また検証用データに対しては，273/300 = 97.7 ％となっている．これより推計精度の高いモデルが構成されていることがわかる．

このようにファジィ推論では，① IF/THEN 型の断片的知識の集合としてモデルが構成できる．②あいまい性を含むので推論ルール数が少なくても実行可能である．③言語変数を用いて表現されるため，推論ルールの理解と修正が容易である．④従来型の関数型推計モデルに比べて適合性が高い．⑤簡略ファジィ推論，ファジィ・ニューラルネットワークなどの多様なモデル構成が可能である．

同様に，ファジィ推論による交通行動モデルを作成して，混雑料金に関する影響分析を行った研究がある[3]．また，交通事故多発地点の要因分析に関する研究では，多様な因果関係を表現する必要があるため，ファジィ推論を用いた推計モデルを構築している[4]．また，道路交通流の運転者のあいまいな判断を定式化する方法として，ファジィ推論を用いた研究がある．これら研究では，具体的な道路網に対して，道路交通シミュレーションモデルを構築して交通状態の表現が行われている[5)-7]．さらに，道路交通流の交通制御に関する研究では，多様性と複雑性を考慮した先進的なファジィ推論による交通制御方法が提案されている[8),9]．

8.2　データマイニング手法（ファジィ決定木）

コンピュータプログラムにおいて，外界と相互作用して，その結果に応じて内部状態を変更する過程を機械学習とよぶ[10]．すなわち，観測データに基づいてモデルパラメータを自律的に変更するプロセスが機械学習である．

機械学習の方法は多数あり，大別すると教師あり学習（supervised learning）と教師なし学習（unsupervised learning）に分類される．教師あり学習のうち，個々の事例からあるクラスについて共通点を見つけることを概念学習という．概念学習のもっとも基本的なモデルが決定木モデル（Decision tree）である．

段階的な意思決定過程を樹木の構造で表現したものを決定木と呼ぶ．すなわち，データを分類する項目をノード（節）として，分類結果をリーフ（葉）とする木構造の概念表現である．代表的な決定木手法として，J. R. Quinlan による ID3, C4.5 などが挙げられる．ここでは，ID3（Iterative Dichotomiser 3）を用いた研究を紹介する．

決定木モデルに対して，ID3 は分類型の知識を表現する決定木を作成する手法である．

決定木では，クラス "+" とクラス "−" の出現確率を p^+, p^- とする．このとき，集合 D の分類状態における情報量の期待値 $M(D)$ はつぎのように表現できる．

$$M(D) = -p^+\log_2 p^+ - p^-\log_2 p^-$$

ここで，i：属性番号，j：クラス番号，n：クラスの分類数であるとき，ある属性 A_i を用いて集合を D を部分集合 D_{ij} に分類した場合の分類後の情報量期待値は，

$$B(A_i, D) = \sum_{j=1}^{n}(p_{ij} \cdot M(D_{ij})), \ p_{ij} = |D_{ij}|/|D|$$

したがって，属性 A_i を選択した場合の獲得情報量 $G(A_i, D)$ は，

$$G(A_i, D) = M(D) - B(A_i, D)$$

となる．これらの決定木の上位から下位に至る経路は，推論ルール「IF (条件 1) and (条件 2)，… THEN (帰結)」の知識に対応している．このことから，決定木はルール形式の知識学習方法と考えることができる．

土木計画においては，このような機械学習を目的とした数理解析モデルの応用が多数みられる．ここでは，決定木モデルを用いた鉄道駅乗降客数変化の推計に関する研究を紹介する[11]．これは，学習データ（教師データ）を用いて，経年的な鉄道駅乗降客数の変化（増加・無変化・減少）を推計するモデルである．

具体的には，京阪神都市圏の 330 鉄道駅に対する 2000 年／2010 年の乗降客数の変化を分析する．このとき，鉄道駅を都心駅・中間駅・郊外駅の 3 種類に分類する．さらに，乗降客数変化の帰結は，増加・減少・無変化の 3 種類とする．したがって，鉄道駅類型ごとに決定木モデルが作成できる．説明変数としては，夜間人口・昼間人口増加率，産業構造の変化，鉄道サービス変化などの 11 要因を用いる．図 8.3 に決定木による乗降客数変化の判定モデル（都心駅）を示す．

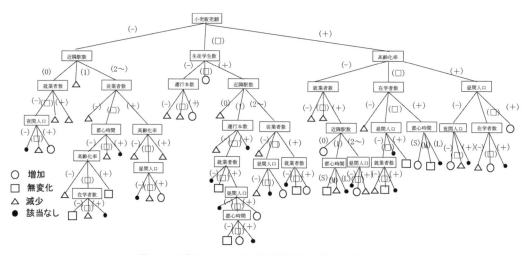

図 8.3　決定木モデルによる鉄道駅乗降客数変化（都心駅）

これより，決定木モデルによる最大 5 階層の意思決定モデルが示されている．上位に出現する小売業販売額，近隣駅数，高齢化率などが乗降客数変化の主要な要因となっている．また，同様に中間駅・郊外駅についても決定木モデルを構成することができる．

これらは通常数（クリスプ数）を用いた意思決定構造を記述している．これに対して，判断のあいまい性を考慮した手法であるファジィ決定木を適用することができる．これは複数の要因に対して情報のあいまい性を考慮するものである．したがって，各要因はファジィ数としてメンバシップ関数で定義される．すなわち，メンバシップ関数によって，特定要因に関する判定の度合いが表現され，情報量の多い意思決定構造を表現することができる．最終的には，たとえば増加

0.7, 無変化 0.3, 減少 0.0 などの各クラスの帰属度が算定される．ファジィ決定木のアルゴリズムにしたがって, 図 8.4 に示すようなモデルが得られた．

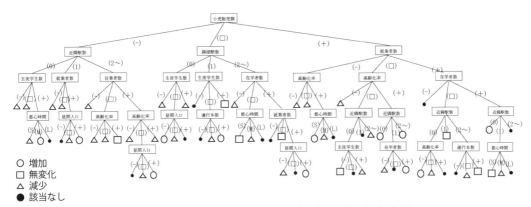

図 8.4 ファジィ決定木モデルによる鉄道駅乗降客数変化（都心駅）

通常の決定木と同様にファジィ決定木が算定される．ここでは，各要因のあいまい性を表現するため，多様性の残された決定木となっている．したがって，分岐する要素数についても通常の決定木に比べて広範であることがわかる．同様の分析を中間駅・郊外駅についても行うことができる．これらの分析結果を表 8.2 に整理する．

表 8.2 ファジィ決定木モデルによる推計結果

	都心駅モデル	中間駅モデル	郊外駅モデル
抽出ルール数	49	31	49
主要変数 （ ）内は判定利用駅数	小売販売額（103） 近隣駅数（98） 就業者数（75） 高齢化率（65） 学生数（61）	就業者数（126） 学生数（122） 小売販売額（122） 在学者数（96） 都心時間（81）	近隣駅数（101） 小売販売額（98） 学生数（91） 就業者数（88） 都心時間（81）
的中率	99/103=96%	119/126=94%	97/101=96%

ファジィ決定木による概念学習により，都心駅・中間駅・郊外駅に対する抽出ルール数と主要な変数が整理された．また，的中率はいずれも 94% 以上であり，高精度な推計が可能であることがわかる．

同様に，観測結果から実務的判断を学習して，判定問題を機械学習の方法によりモデル化した研究が多数みられる．基本的な判別問題である交通機関選択に関する研究では，ID3，C4.5，ファジィID3，ファジィC4.5 の比較検討の結果，交通行動分析への適用性が検証されている[12]．また，拡張的な決定木手法として，アンサンブル学習を用いた交通機関分担モデルの研究がある[13]．さらに，統計的な機械学習の手法として，ニューラルネットワーク（NN）が利用されている．ニューラルネットワークは，誤差伝搬法によるパラメータ推計が容易であるため，土木計画の多数の推計問題に用いられている．また，特徴空間を用いて線形分離可能な状態を構成するサポートベクトルマシーン（SVM）を用いて，斜面災害危険度の評価を行った研究がある[14]．

8.3 人工社会モデル（マルチエージェントモデル）

前節までの人工知能アプローチは，いずれも単体の人工知能によるシステムである．これに対して，複数の人工知能が相互作用を持ちながら問題解決を行うものが，分散人工知能（DAI：distributed Artificial Intelligence）である．分散人工知能では，自律的な行動を行う行為者である「エージェント」を想定し，複数のエージェントで一体的なシステムを構成する[15]．通常このようなエージェントは，①自律性，②社会性，③反応性，④自発性を持つことが要請される．したがって，エージェントの集団に対して，学習・適応・進化をさせ，集団行動における情報交換，相互作用，協調作業などを生じさせようとするものが，「マルチエージェントモデル」である[2]．

マルチエージェントモデルの概念的構造を図8.5に示す．本図に示すように，自律エージェントで構成される下位と系全体を構成する上位の関係を相互作用として記述するものである．

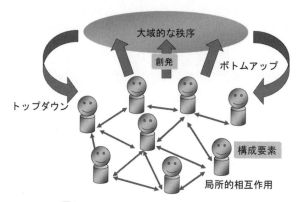

図8.5　マルチエージェントモデルの概念

ここで，重要な点は，創発（emergence）である．すなわち，マルチエージェントモデルでは，エージェントの行動→（局所的相互作用）→系全体→（大局的秩序）→エージェントの行動という循環過程がモデル化される．このとき，当初は予想されなかった複雑・知的な構造（あるいは機能）が自発的に出現することを「創発」という．すなわち，図8.5に示すように，複数の自律エージェントで構成される下位と全体を構成する上位の関係が，複雑な相互作用の結果として導かれる．したがって，特定の問題解決に関するボトムアップ的な方法である．このアプローチは，科学の基本法則を求める還元主義（reductionism）から，現象の多様性を前提とした複雑系（complex system）へのパラダイムシフトを表すものである．

また，社会プロセスのエージェントベースモデルを人工社会とよぶ．このアプローチでは，各エージェントの情報や計算能力に依存する限られた範囲のルールのもとで，人工的な環境の中で活動する個体の相互作用から，重要な社会構造や群構造を創り出す[15]．

ここでは，土木計画における人工社会モデルの応用について述べる．とくに土木計画においては，都市市民をエージェントとした人工社会モデルが提案されている．ここでは，地方都市におけるまちづくりの検討可能なマルチエージェントモデルを紹介する[16]．

この人工社会モデルにおける都市空間を図8.6に示す．地方都市（岐阜市）を仮想空間として，東西・南北：25区画＝625区画で表現している．中心部・周辺部・郊外部の区画数は，それぞれ25区画，200区画，400区画の領域で表現する．また，市民エージェント数は15,000個体である．

8.3 人工社会モデル（マルチエージェントモデル） *111*

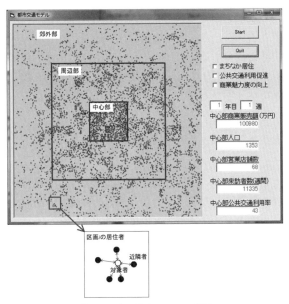

図 8.6 人工社会モデルの概要

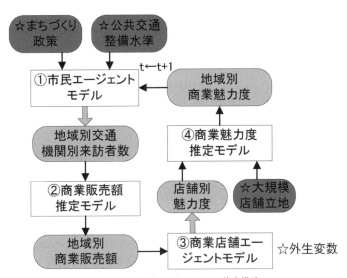

図 8.7 エージェントモデルの基本構造

都心部居住者20％，周辺部居住者30％，郊外部居住者50％の人口分布を設定している．

市民エージェントは同一区画に居住するものを近隣者と考え，これらのものの行動結果がエージェントの意思決定に影響を与えるものとする．

本研究では，地方都市のまちづくりの検討を行うためのマルチエージェントモデルの構築を試みる．このマルチエージェントモデルの基本的な因果関係を図 8.7 に示す．

すなわち，①市民エージェントは商業店舗の商業的魅力度を考慮して，交通機関・活動場所を選択する．②各地域の来訪者増加により商業活性化を与える．③商業店舗エージェントは，店舗魅力度向上を行う．④さらに，現時点の各店舗魅力度から次期の地域別商業魅力度が算定される．ここで，☆の項目は外生変数を示し，その他の項目は内生変数を表す．すなわち，①市民エージ

ェントと③商業店舗エージェントの意思決定結果が大域的に影響を与えることを示している．

市民エージェントの個人属性は，①年齢，②性別，③職業，④運転免許，⑤自動車保有，⑥居住地，⑦勤務地，⑧自由活動数である．市民エージェントの自由活動増加が中心市街地活性化の基本となる．そこで，自由活動に関する3種類の来訪地域（中心部・周辺部・郊外部）と2種類の利用交通手段（自動車・公共交通機関）の選択肢をもつ．来訪地域の選択問題は，選択肢の評価値に基づいて簡略ファジィ推論により定式化されている．市民エージェントの地域来訪魅力度は，自己の地域来訪魅力度と周辺居住者の空間的選好（地域来訪威力度）を総合化して決定される．

一方で，商業店舗エージェントは，①各店舗の魅力度向上の努力を行うとともに，②各店舗の魅力度に基づいて地域別の商業魅力度を構成する．具体的には，商業店舗は商業利益と商業的魅力度の関係から，商業魅力度向上の活動の有無を決定する．これらの具体的関係が定式化されている．

このようにして構成された人工社会モデルを用いて，まちづくり政策を実行しない（無政策）の場合を検討する（ケース0）．都市の活動条件を初期状態から変更せず，人工社会の時間変化を観測する．計画目標年次を20年後としている．図8.8に地域別商業販売額の推移を示す．本図より，都心部の商業販売額は継続的に減少し，一方で郊外部の商業販売額は継続的に増加することがわかる．この傾向は，現実の多数の地方都市で観測される中心市街地のにぎわいの低下に対応している．

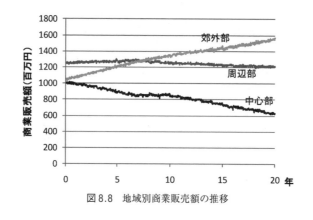

図8.8 地域別商業販売額の推移

つぎに，各種まちづくり政策が中心市街地活性化に与える影響を観測する．地方都市における代表的なまちづくり政策として，①まちなか居住の推進，②公共交通機関の利用促進，③商業的魅力度の向上を取り上げる．それぞれの政策ごとに中心部商業販売額の変化を人工社会モデルから算定することができる（ケース1～ケース3）．しかしながら，いずれの場合にも基本目標である中心市街地活性化が十分に達成されるとは言い難い．

本研究では，総合的なまちづくり政策として，①～③を同時に実施した場合を想定する（ケース4）．この場合，市民エージェントの都市活動に関する相互作用が与えられ，中心部商業販売額の増加が期待できる．図8.9に総合的政策ケース4を実施した場合の中心部商業販売額の推移を示す．

このとき，総合政策では初期投資時の商業販売額の増加が観測される．まちづくり政策のない

8.3 人工社会モデル（マルチエージェントモデル）

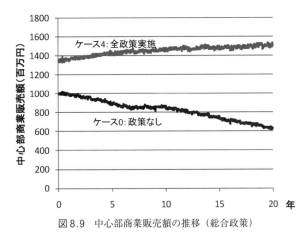

図 8.9 中心部商業販売額の推移（総合政策）

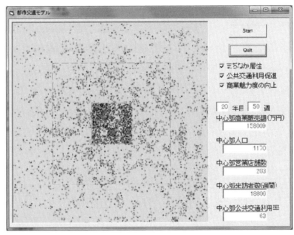

図 8.10 都市空間におけるエージェントの自由活動分布（総合政策）

場合は減少傾向であるが，総合政策では増加傾向となる．中心部商業販売額は，1,350百万円（基準年）から1,498百万円（20年次）に増加している．

つぎに，都市活動の分布を考える．図8.10は，総合政策を継続しての20年後の市民エージェントの自由活動分布を示したものである．

ここで，中心部来訪者数（自由活動）は，基準年の15,186トリップから，20年後に2,593トリップ（17％）の増加が観測される．すなわち，総合政策は中心市街地活性化に効果的に機能することがわかる．これは，3種類のまちづくり基本政策の相互作用が期待できることを表している．

同様に，地方都市の諸問題に対して，人工社会モデルを構成した研究がある．とくに地方都市におけるエコ通勤の促進に関する影響分析をマルチエージェントモデルにより行った研究がある[17]．また，地方都市のコミュニティバスの運行方法について，市民エージェントの意識をモデル化した研究がある[18]．さらに，都市環境に関して，低炭素社会を目指したスマートシティの進展と低炭素車両の利用促進に関する人工社会モデルを構成した研究がある[19]．また，道路交通に対する情報化に関して，運転者を自律エージェントとしたシミュレーションモデルを提案した研究がある[20]．さらに，災害時の避難行動に対する行動シミュレーションモデルについてエージェントによる表現を試みた研究がある[21]．

これらの研究は，いずれも土木計画の各側面において意思決定者としての複数のエージェントを設定している．そのとき，人工社会を構成し，将来変化に対する創発現象を観測することで計画情報を得ることを目的としたものである．

8.4 深層学習（ディープラーニング）

統計的処理に基づく機械学習のうち，生物の神経細胞の回路をモデル化したニューラルネットワークは，大量のデータからその背後に潜む自発的知識を獲得していく強力な手法である[22]．すなわち，従来の機械学習システムでは不可能であった知的情報処理を実現できる．しかしながら，大規模なニューラルネットワークではバックプロパゲーション等による学習がうまくいかなくなる可能性がある．すなわち結合荷重やしきい値を探索する際に探索対象が膨大となるので，最適な点を見つけ出すのが難しくなるという問題がある．このため，観測される特徴抽出前の信号を入力とする多階層のニューラルネットワークの学習を深層学習（deep learning）という[23]．深層学習のなかでも画像認識などに用いられる代表的方法が畳み込みニューラルネットワーク（Convolutional Neural Network: CNN）である[22),23]．

畳み込みニューラルネットワークは，多階層型ニューラルネットワークである．具体的なCNNの構造を図8.11に示している．

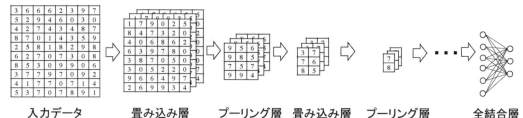

図8.11 畳み込みニューラルネットワーク（CNN）の基本構造

一般に，畳み込みニューラルネットワークには，畳み込み層（convolution layer）とプーリング層（pooling layer）が存在する．このとき，隣接する二つの階層ですべてのニューロンが結合しているわけではなく，特定のニューロン同士が結合されている．畳み込み層の役割は，入力信号の特徴量を抽出することである．畳み込みニューラルネットワークでは，フィルタの機能をニューラルネットワークの学習機能を用いて自動的に獲得する．また，プーリング層の役割は，入力信号の情報を縮約し，ニューラルネットワークの処理を容易にするものである．

畳み込みニューラルネットワークでは，畳み込み層とプーリング層を交互に積み重ねた後，全結合の階層型ネットワークを用いて最終出力信号を算出する．

ここでは，深層学習を用いた道路交通流解析についての事例を紹介する．まず，都市高速道路における渋滞予測モデルについて紹介する[24]．

大量のデータを用いて，識別を用いる問題においては，畳み込みニューラルネットワークを用いた深層学習が適用可能である．特に交通工学分野においては，従来より車両検知器などの時間変化する道路区間の膨大な観測データが蓄積している．したがって，道路交通流の観測データを用いた解析にCNNを活用した研究が知られている．

8.4 深層学習（ディープラーニング）

ここでは，都市高速道路の車両検知器データを用いた交通渋滞予測モデルを紹介する．都市高速道路の特徴的な渋滞箇所としてのサグ部（道路勾配の下りから上りへの変化箇所）を取り上げる．すなわち，時間空間的な関連区間の交通状態データに基づいて，対象道路区間（サグ部）の渋滞の有無に関する予測モデルを構築している．

具体的には図8.12に示す道路区間を対象としている．

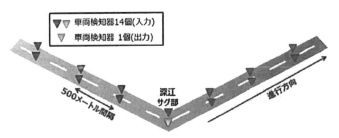

図8.12 車両検知器の配置

阪神高速道路では，道路区間おおよそ500mごとに車両検知器が設置されている．本図に示すように，観測地点は7地点あり，走行車線，追い越し車線それぞれの観測値が得られる．したがって，1時点に14箇所の観測が可能である．これらの観測データの属性を表8.3に整理している．

表8.3 モデル入力のための観測値データ

時点数	12時点、10秒間隔
地点数	7地点、500m間隔
車両検知器	2個／地点、走行車線と追越車線
データ種類	2種類／検知器、台数と占有時間
合計データ数	12×7×2×2=336データ

上記の14箇所の検知器データを10秒ごとに集計した車両台数と占有時間の2分間（12時点）のデータを用いている．また当該モデルの出力は，表8.4に示すように，特定の道路区間（サグ部）の渋滞判定結果である．

表8.4 モデル出力のための観測値データ

時点数	1時点、60秒間
地点数	1地点、サグ部
車両検知器	サグ部の1個、追越車線
データ種類	渋滞判定結果
合計データ数	1データ

したがって，「直前の2分間のデータを用いて1分後の渋滞／非渋滞を予測するモデル」を作成している．

具体的には，3層のニューラルネットワークとして，第1層・第2層を畳み込み層として第3層を全結合層としている．このCNNでは，プーリング層は使用していない．

このとき，約5か月間の車両検知器データを用いて，学習用データ（10秒間×約116万時点）と検証用データ（10秒間×約6万時点）を作成している．学習用データを用いて，上記のCNNパラメータを求めることで，予測モデルが作成される．さらに，検証用データに対して，推定されたモデルを適用し，10秒ごとに渋滞／非渋滞の推定を行う．表8.5に推計結果が示されている．

表 8.5 モデルの予測精度

	全データ	真値が渋滞	真値が非渋滞
予測精度	98.5%	87.0%	99.3%
正解データ数	60,389	3,572	56,817
全データ数	61,333	4,106	57,227

全般的には予測精度は98.5％であり，高い予測精度を表している．非渋滞時の予測精度は99.3％であり，渋滞時は87.0％となっている．

同様に，都市高速道路の道路交通流解析に関する研究例を示す[25]．ここでは，都市高速道路ネットワークに適用される対距離料金と道路交通流の関係を前提とした分析を行う．図8.13は本研究の基本的な分析フローを示している．

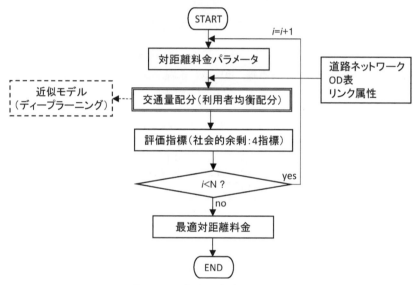

図8.13 最適対距離料金の設定手順

とくに，都市道路網の道路交通量推計においては，ケース設定ごとに交通量配分の非線形最適化問題の解を求める必要がある．一般に，交通量配分の非線形計画問題は複雑な数理計画問題となり，計算労力も多大である．そのため，簡便な道路交通量推計の近似的方法として，ディープラーニング技術を用いる．

具体的には，都市高速道路の上限・下限付き対距離料金を考える．このとき，都市高速道路料金設定に基づく一般道路を含めた都市道路網の交通調整が期待される．本研究では，都市道路網の交通需要（OD交通量）および都市高速道路料金設定（パラメータ群）に基づく経済効果（社会的余剰）を推計するCNNモデルを構築する．

つぎに，対距離料金の設定について述べる．図8.14に示すように，対距離料金を4種類の設定値（料率・ターミナルチャージ・上限料金・下限料金）で表現する．

つぎに，本研究では最適課金の基礎的な分析のため，図8.15に示すような仮想ネットワークを用いる．道路網の構成要素として，セントロイド（●印），都市高速道路区間（➡），流入・流

8.4 深層学習（ディープラーニング）　　117

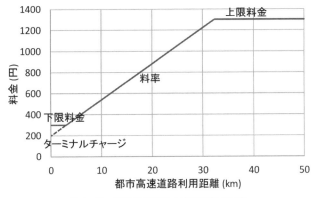

図 8.14　都市高速道路の対距離料金設定

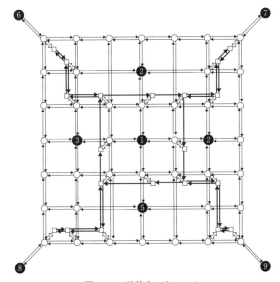

図 8.15　計算ネットワーク

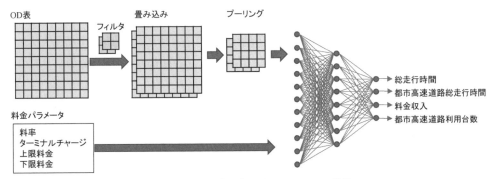

図 8.16　最適料金設定問題の CNN モデル構造

出ランプ（⇔），一般道路区間（→）を示す．本例の都市高速道路では，都心部に環状線があり，都心部と郊外部は放射線で接続されている．

このとき，図 8.16 に本研究で提案する CNN モデルを示す．入力データは，起終点表（OD 表）と料金設定値（料率・ターミナルチャージ・上限料金・下限料金）である．なお，CNN モデル

118　　8章　土木計画分野への応用

では全結合層に対して，畳み込み層・プーリング層に加えて，通常の NN の中間層の表現を利用することができる．本研究では，料金設定パラメータに関する入力値の情報処理では，通常の中間層の表現を利用している．

　通常のパターン認識等で用いられるプーリング層では，情報集約化に max 演算を用いることが多い．しかしながら，今回の OD 表の入力値に対しては，交通量の空間的構成パターンが重要となるため，全ての行列要素を考慮できる sum 演算を用いることにした．

　ここで学習データに関して，OD 交通量の多様性を確保するため，OD 表を都心部・周辺部・郊外部に分割し，それぞれ 0.8 ～ 1.2 の基本交通量に対する割合を乱数により設定する．つまり，現行の OD 交通量に対する，発生・集中交通量の多様性を表現するものである．

　ここでは，学習用データとして 10,000 サンプル（交通量配分による推計結果）を用いる．また，検証用データとして，同様に 1000 サンプルを設定した．

　まず，学習用データを用いて CNN の誤差伝搬法に基づいて結合荷重を算定した．ここでは 500 回の収束計算を行い，100 回目以降は大きな変化がなかった．これより，「料金設定値に対応する都市道路網の経済便益に関する指標」の推計モデルが構成された．

　つぎに，検証用データを用いて作成した CNN モデルの適用可能性を検討する．表 8.6 に構築された CNN モデルに検証データを適用した結果を示す．概ね良好な推計結果が得られていることがわかる．

表 8.6　CNN モデルの推計精度

経済評価指標	相関係数	RMSE
総走行時間（都市道路網全体）	0.989	61,281 台・時
総走行時間（都市高速道路）	0.978	33,248 台・時
料金収入	0.993	14,984,680 円
都市高速道路利用台数	0.992	23,973 台

　さらに，図 8.13 の手順にしたがって，CNN モデルの近似計算プロセスを含んだ最適料金設定値を算定する．料金設定値の組み合わせは，約 178 百万通りである．実際には，モンテカルロ法により 1000 通りを選び，総走行時間最小のケースを抽出した．

　表 8.7 に算定結果を整理する．すなわち，①現行料金設定に対する交通量推計結果，②最適料金設定に対する交通量推計結果，③最適料金設定に対する CNN モデルによる近似計算結果を示している．

表 8.7　評価指標の算定結果

	交通量推計結果（現行料金設定）	交通量推計結果（最適料金設定）	近似計算結果(CNN モデル)（最適料金設定）
総走行時間（都市道路網全体）	1,737,324	1,675,382	1,694,956
総走行時間（都市高速道路）	580,736	568,530	566,457
料金収入	695,066,081	757,281,250	743,070,384
都市高速道路利用台数	1,159,774	1,105,358	1,094,792

　本表より，最適料金設定に対する CNN モデルと通常の交通量配分の計算結果は，比較的類似している．また，現在の料金と最適料金を比較すると，総走行時間で約 3.6 ％短縮される．一方，

都市高速道路の料金収入は増加している．また，都市高速道路の利用台数は若干減少する．これは，現行の料金水準に比べて全般的に増加したことによる．

　土木計画に対するディープラーニングの応用では，同様な道路交通流に関する研究事例がみられる．ローコストな交通量計測技術の開発を目指して，局所画像特徴量（HOG）とSVMによる画像処理方法をCNN手法と比較検討した研究がある[26]．また，東南アジア特有の交通モードLAMATに対する車両検出に対して，改良型のCNNモデルを適用した研究がある[27]．

　土木計画におけるAIの応用として，上記の研究以外に，多様なソフトコンピューティングの各手法を用いた研究がある．たとえば，組み合わせ最適化問題においては，ヒューリスティックアプローチとして，遺伝的アルゴリズム（GA）・免疫アルゴリズム（IA）・蟻コロニー最適化（ACO）などの方法が用いられる．また，ファジィ推論とニューラルネットワークを統合化したファジィニューラルネットワークモデルあるいはGAとファジィ推論など複数のソフトコンピューティング手法の組み合わせなどが応用されている．

　最後に本稿の作成にあたり，研究資料の収集整理に関して，関西大学環境都市工学部井ノ口弘昭准教授および関西大学大学院保田義之さん（現在：JR東日本）のご協力を得た．また研究事例の記載に関して阪神高速道路株式会社にご協力を得た．ここに記し感謝の意を表する次第である．

■ 8章　参考文献

1）　秋山孝正：ファジィ理論の土木計画分野における適用に関する整理と展望，土木学会論文集，No. 395，Ⅳ-9，pp. 23-32，1988.

2）　秋山孝正：知的情報処理を利用した交通行動分析，土木学会論文集，No. 688，Ⅳ-53，pp. 37-47，2001.

3）　小澤友記子，秋山孝正，奥嶋政嗣：ファジィ交通行動モデルによる混雑料金政策の影響評価，土木計画学研究・論文集，Vol. 21，No. 2，pp. 607-618，2004.

4）　村瀬満記，秋山孝正，奥嶋政嗣：交通事故多発交差点に関する事故要因分析システムの構築，土木計画学研究・論文集，Vol. 21，No. 4，pp. 967-976，2004.

5）　奥嶋政嗣，秋山孝正：都市交通政策のためのファジィ理論に基づくミクロ交通流シミュレーションの構築，土木計画学研究・論文集，Vol. 26，pp. 923-932，2009.

6）　本多中二，佐藤洋介：ファジィ推論を用いた道路交通シミュレータの開発，知能と情報，Vol. 24，No. 2，pp. 48-54，2012.

7）　井ノ口弘昭，秋山孝正：ファジィ・ニューラルネットワークを用いた車両追従モデルの検証に関する研究，知能と情報，Vol. 28，No. 5，pp. 791-800，2016.

8）　秋山孝正：高速道路交通計画におけるファジィ理論と知識工学手法の応用に関する研究，京都大学博士学位論文，1989.

9）　奥嶋政嗣，秋山孝正：都市高速道路の知識利用型ファジィ流入制御に関する適用性の検証，知能と情報，Vol. 23，No. 4，pp. 117-126，2011.

10）　小高知宏：機械学習と深層学習—C言語によるシミュレーション—，オーム社，pp. 8-9，2016.

11）　秋山孝正，井ノ口弘昭，保田義之：知的情報処理を用いた都市鉄道需要変化の推計に関する研究，

交通学研究，No. 61，pp. 93-100，2018.

12) 秋山孝正，奥嶋政嗣：交通機関選択分析のためのファジィ決定木手法の比較検討，土木学会論文集 D，Vol. 63，No. 2，pp. 145-157，2007.

13) 長谷川裕修，内藤利幸，有村幹治，田村亨：アンサンブル学習による交通機関選択モデルの構築とその評価，土木学会論文集 D3，Vol. 68，No. 5，pp. 773-780，2012.

14) 大石博之，小林央宜，尹禮分，田中浩一，中山弘隆，古川浩平：サポートベクターマシンによる対策工効果を考慮した斜面災害危険度の設定，土木学会論文集 F，Vol. 63，No. 1，pp. 107-118，2007.

15) Epstein, M. J. and Axtell, R: Growing Artificial Societies Social Science from the Bottom Up, The Brookings Institution, 1996.（服部正太，木村香代子訳：人工社会―複雑系とマルチエージェント・シミュレーション―，構造計画研究所，1999.）

16) 秋山孝正，奥嶋政嗣，井ノ口弘昭：人工社会モデルによる地方都市まちづくり政策に関する考察，知能と情報，Vol. 23，No. 4，pp. 428-437，2011.

17) 奥嶋政嗣，秋山孝正：マルチエージェントシミュレーションによるエコ通勤促進策の影響分析，土木学会論文集 D3，Vol. 68，No. 5，pp. 625-634，2012.

18) 奥嶋政嗣，秋山孝正：人工社会モデルによる地方都市コミュニティバスに関する分析，土木計画学研究・論文集，Vol. 24，pp. 509-516，2007.

19) 秋山孝正，井ノ口弘昭：エージェントモデルを用いた地方都市における環境対応型の交通政策評価，地球環境，Vol. 22，No. 2，pp. 145-152，2017.

20) 松下歩，菊池輝，北村隆一：マルチエージェントシミュレーションを用いた交通情報共有化の効果分析，土木計画学研究・論文集，Vol. 25，pp. 793-800，2008.

21) 近田康夫，濱政洋，城戸隆良：マルチエージェントを用いた避難行動シミュレーション，土木情報利用技術論文集，Vol. 17，pp. 29-38，2008.

22) 瀧雅人：これならわかる深層学習入門，講談社，2017.

23) 荒木雅弘：フリーソフトではじめる機械学習入門（第 2 版），森北出版，2018.

24) 幡山五郎，七條大樹，阿部敦，萩原武司：車両検知器データによるサグ部の CNN を用いた交通渋滞予測モデル，第 15 回 ITS シンポジウム，1-B-08，2017.

25) Hiroaki Inokuchi, Chang Quan KUI, Takamasa Akiyama: The determination of distance based toll for urban expressway with deep learning approach, Proc. of World Conference of Transport Research 2019, (forthcoming).

26) 松田宏文，蒋苗耕司：HOG 特徴と SVM を用いた交通流量計測システムの開発と評価，土木学会論文集 F3，Vol. 73，No. 2，pp. 347-355，2017.

27) 金野貴紘，荒井勇輝，屋井鉄雄：R-CNN による途上国を対象とした車両検出方法に関する研究，土木学会論文集 D3，Vol. 74，No. 3，pp. 193-202，2018.

9章
コンクリート工学分野への応用

橋梁のコンクリート床版を対象とした目視点検では，コンクリートの表面に顕在化したひび割れなどの損傷要因に関する視覚的な情報から，専門家が床版内部の健全性を評価する．この表面的な視覚情報とコンクリート内部の劣化状況を結び付けているのは，専門家の長年の経験により裏付けられた知識である．しかし，今後想定される診断対象の増大と経験豊富な専門技術者不足の問題を考えると，人間の視覚（目視点検）によってコンクリート構造物の表面的な健全性を的確に評価し，さらに，他の非破壊検査結果（打音診断等の人間の聴覚による診断など）との併用を試み，評価精度を高めていくことによって，詳細な調査が必要である構造物の絞り込み（スクリーニング）が可能であると考える．

このような視点から，経験豊富な専門家が実際に目視点検に基づき健全度を評価した結果を教師データとして，橋梁のコンクリート床版を撮影した画像データからひび割れを抽出し，学習ベクトル量子化（LVQ；Learning Vector Quantization）とサポートベクトルマシン（SVM；Support Vector Machine）を適用することによって健全性を評価した[1]．以下では，床版を撮影した画像データの前処理，前処理によって得られたひび割れ上からの特徴量の抽出，抽出した特徴量に基づく健全度の評価結果について述べる．

9.1 画像データの前処理

まずは床版を撮影した画像データから，線幅1ピクセルの細線としてひび割れの抽出を行う．撮影した画像は，撮影角度や光の当たり具合などによって生じたゆがみや色むらなどのノイズを含んでいる場合が多く，これらのノイズをひび割れの特徴を損なうことなく取り除く必要がある．そこでこの応用例では，画像の正規化，2値化処理，ノイズ除去，4-連結細線化処理を実施することによって，ひび割れの特徴量を抽出しやすくするよう試みた．以下で，これらの各過程についてどのような処理を行ったのかについて述べる．

9.1.1 画像の正規化

まずは撮影画像のゆがみを補正するため正規化を行う必要がある．まず初めに，ひび割れ領域を含む床版部分を矩形として抽出する．実際には，床版部分の画像に対して座標変換を行い，その外接矩形の形状への変形を行う．このような，任意形状へ画像を貼り付ける処理をテクスチャマッピングと呼ぶ．この任意形状への変形を実現するテクスチャマッピングは，アフィン変換で

近似して実現される（図9.1）.

図9.1(a)に示すように，原画像から変換を行う部分画像をブロックとして選択する．さらに，このブロックに対角線を引いて四つの三角形に分割する．この画像が図9.1(b)のように変形されたとして，ブロックAに注目すると，頂点 p, q, r で構成される三角形は，頂点 P, Q, R で構成される三角形に変形される．三角形の変形はアフィン変換で記述できるので，各頂点座標の変換 $(x_p, y_p) \rightarrow (X_p, Y_p)$, $(x_q, y_q) \rightarrow (X_q, Y_q)$, $(x_r, y_r) \rightarrow (X_r, Y_r)$ を式に代入すると，点 p, q, r に関して，それぞれ以下の6つの方程式が得られる．

$$\left. \begin{array}{l} x_p = AX_p + BY_p + C \\ y_p = DX_p + EY_p + F \end{array} \right\} \tag{9.1}$$

$$\left. \begin{array}{l} x_q = AX_q + BY_q + C \\ y_q = DX_q + EY_q + F \end{array} \right\} \tag{9.2}$$

$$\left. \begin{array}{l} x_r = AX_r + BY_r + C \\ y_r = DX_r + EY_r + F \end{array} \right\} \tag{9.3}$$

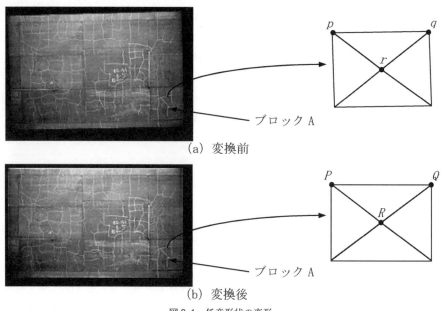

(a) 変換前

(b) 変換後

図9.1 任意形状の変形

式(9.1)〜(9.3)は，未知数が A から F の6個なので，3点の座標変換を考えれば解を一意に計算することができる．この変換式のパラメータ（A から F）がわかれば，三角形内部の画素をマッピングすることが可能となる．さらに，この処理をすべての三角形に対して行えば，全画面のマッピングが可能になる．しかし，三角形ごとに独立したパラメータでマッピングを行うため，三角形間の境界は滑らかにつながらない．そこで，三角形の境界のアドレスを計算し，その近傍のみの平滑化を行う必要がある．また，出力座標 (x, y) は，拡大・縮小率によっては，必ずしも入力画像の画素位置（格子点）には一致しない．通常，このような画素と画素の間のデータが

必要になった場合には，最近傍法（近傍2点の画素のうち，どちらか距離的に近い画素の値を使う方法），あるいは，線形補間法（近傍2点の画素の平均値を使う方法）などが，簡易な手法としてよく用いられている．この応用例では，最近傍法は変形後の画質がよくないので，線形補間法を用いることとした．

一般的には，線形補間処理は図9.2のように，逆変換して求めた位置 (x, y) の近傍4画素のデータを用いて処理が行われる．近傍4画素の重み付けの比率は，(x, y) と4つの画素 g との各距離によって求められ，(x, y) における画素データ $G(x, y)$ は，以下の式(9.4)で計算される．ここで，$[x]$，$[y]$ はそれぞれ，x，y を超えない整数である．

$$G(x, y) = (1-p)(1-q) \cdot g([x], [y]) + p(1-q) \cdot g([x]+1, [y]) \\ + (1-p)q \cdot g([x], [y]+1) + pq \cdot g([x]+1, [y]+1) \tag{9.4}$$

最後に，矩形として抽出された各画像に対して 768×480（単位：ピクセル）のサイズ変換を行い，階調数256のグレイスケール画像に変換する．

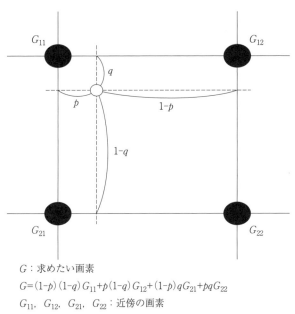

G：求めたい画素
$G = (1-p)(1-q)G_{11} + p(1-q)G_{12} + (1-p)qG_{21} + pqG_{22}$
G_{11}，G_{12}，G_{21}，G_{22}：近傍の画素

図9.2 画素の補間処理

9.1.2 2値化処理によるひび割れの抽出

濃度変換の特殊な例である2値化は，ある濃度値をしきい値として，背景領域と対象領域に分割を行う．一般に背景領域を0-画素，対象領域を1-画素の2値で表現する．しかし，一般的に撮影した画像については照明条件が一様ではないため，背景領域の濃度値や対象領域の濃度値が画像全体で一定していないものが多く含まれている．すなわち，背景領域の濃度値が対象領域より高い場合，あるいはその逆の場合が生じる．図9.3(a)に照明むらのある画像を示す．図9.3(b)に示すこのヒストグラムには明確な谷がなく，このような画像に対して，しきい値 t を用いて固定しきい値処理を行うと図9.4に示すように，対象領域が背景領域に埋もれてしまう．このような

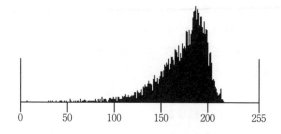

(a) 照明むらのある画像   (b) ヒストグラム

図9.3　照明むらのある画像とそのヒストグラム

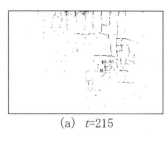
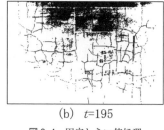
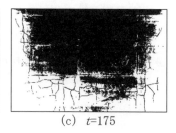

(a) $t=215$　　　　(b) $t=195$　　　　(c) $t=175$

図9.4　固定しきい値処理

場合，画素ごとにしきい値を変化させる動的しきい値処理が有効である．動的しきい値 T は，画素 (m, n)，画素 (m, n) の濃度値 $f(m, n)$，(m, n) の近傍の局所的な平均濃度値 $S(m, n)$ の関数 F として表される．

$$T = F[(m, n), f(m, n), S(m, n)] \tag{9.5}$$

しかし，この方法をそのまま使用すると背景領域の微妙な濃淡変化に対しても敏感に反応しノイズの多い画像が得られるという欠点がある．そこで，ノイズを少なくするため，局所的しきい値法と判別分析法を併用することとした．まず初めに，画像をブロックに分割し，ブロック単位に判別分析法を適用して2値化処理のしきい値を設定する．判別分析法は画像を2つのクラス C_1 ならびに C_2 に分割する場合，次に示す分離度 $\eta(T)$ が最大になるようにしきい値 T を選定する．

$$\eta(T) = \left[\frac{\sigma_B{}^2(T)}{\sigma_W{}^2(T)} \right]_{\max} \tag{9.6}$$

ここで，$\sigma_B{}^2(T)$ はクラス間分散，$\sigma_W{}^2(T)$ はクラス内分散で，これらは次の式で与えられる．

$$\begin{aligned}\sigma_W{}^2 &= w_1 \sigma_1{}^2 + w_2 \sigma_2{}^2 \\ &= \frac{1}{N} \left\{ \sum_{i \in S_1} (i - \mu_1)^2 n_i + \sum_{i \in S_2} (i - \mu_2)^2 n_i \right\} \end{aligned} \tag{9.7}$$

$$\begin{aligned}\sigma_B{}^2 &= w_1 (\mu_1 - \mu_T)^2 + w_2 (\mu_2 - \mu_T)^2 \\ &= \frac{1}{N} \left\{ \sum_{i \in S_1} (\mu_1 - \mu_T)^2 n_i + \sum_{i \in S_2} (\mu_2 - \mu_T)^2 n_i \right\} \end{aligned} \tag{9.8}$$

ここで $\sigma_w^2 + \sigma_B^2 = \sigma_T^2$ (σ_T^2：全分散)，w_1 ならびに w_2 はクラス C_1 ならびに C_2 の生起確率（正規化された画素数），μ_1 ならびに μ_2 と σ_1^2 ならびに σ_2^2 はそれぞれ C_1 ならびに C_2 に属する画素の濃度の平均値と分散である．

次に，個々のブロックをいくつかの小領域に分割し，動的しきい値処理を用いてひび割れを含む小領域を決定し，ひび割れ領域を含む小領域に対して，ブロック単位に設定されたしきい値による2値化処理を行う．このような処理によって得られた2値化画像の例を図9.5に示す．図9.4に比べてひびわれの形状がはっきりと読み取ることができ，ノイズも最小限に抑えることができていることがわかる．

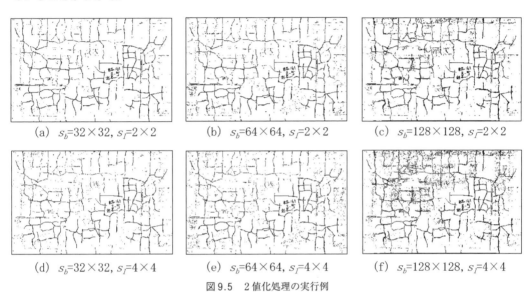

(a) s_b=32×32, s_f=2×2 (b) s_b=64×64, s_f=2×2 (c) s_b=128×128, s_f=2×2

(d) s_b=32×32, s_f=4×4 (e) s_b=64×64, s_f=4×4 (f) s_b=128×128, s_f=4×4

図9.5　2値化処理の実行例

9.1.3　ノイズ除去

2値化処理をした画像をそのまま利用すると，特徴量を正確に抽出することができない場合が多い．なぜなら，2値化処理の性質上，図9.5のようにひび割れ領域以外のノイズがまだ少し残されているからである．そこで，2値化処理をした画像に対して，まず1ピクセル程度の小さな孔や溝，孤立点や突起などの様々なノイズの除去を行う．そこで，2値化処理をした画像に対して，4-連結細線化処理を行い，近接する特徴点間の距離に基づく修正を行い，最終的なひび割れのパターンを作成する．通常はこれらの細かな領域を取り除く方法として，膨張と収縮がある．しかし，画像中におけるひび割れ領域の面積はこれらのノイズと同様に小さいため，この方法でノイズの除去を行うと，ひび割れ領域も同様に除去されてしまう．そこで，カウントフィルタを応用して画像からノイズの除去を行う．カウントフィルタは，フィルタが重なる領域内のピクセルの値を調べ同じ値をもつピクセルをカウントし，その1つを出力値とするフィルタである．この応用例では，領域内の1-画素の総数がしきい値より多い場合は1-画素をその領域の中心画素の出力値とし，また少ない場合は0-画素を中心画素の出力値としている．

9.1.4　4-連結細線化処理

2値化処理とノイズ除去を実施した画像から線幅1の中心線を抽出する操作を細線化という．

126 9章 コンクリート工学分野への応用

2値化画像は線図形化することにより，その幾何学的特徴を把握しやすくなり，パターン認識の前処理としてよく用いられている．細線化は，図形や文字の本質的な構造が保存されるように，

- 中心線の線幅が1であること
- 中心線が元の図形の中心であること
- 途中で切断されたり，孔が生じたりしないこと（連結性の保存）
- 不必要なひげが生じないこと
- 中心線が必要以上に縮まないこと
- 交差部において中心線がひずまないこと

などに注意して行う．

　線図形の形態としては，8-連結と4-連結がある．以下では，3×3のマスクを用いた4-連結細線化処理のアルゴリズムについての説明を行う．対象領域（ひび割れ領域）を1-画素，背景領域を0-画素とする．画像を左上からラスタ走査し，注目点 i, j が1-画素であるとき，その8-近傍を調べ，0-画素に反転（以後，0-反転という）できるどうかを判断する．右下までスキャンが終了した時点で，0-反転した個数が0でなければ，まだ完全に細線化が終了していないので，いま処理した結果を新しい原画像として，操作を繰り返す．図9.6は8-近傍の例を示したものである．

x_3 $(i$-$1,j$-$1)$	x_2 $(i,j$-$1)$	x_1 $(i$+$1,j$-$1)$
x_4 $(i$-$1,j)$	(i,j)	x_0 $(i$+$1,j)$
x_5 $(i$-$1,j$+$1)$	x_6 $(i,j$+$1)$	x_7 $(i$+$1,j$+$1)$

図9.6　画素の近傍

　図9.6に示した8-近傍の1-画素の個数を

$$\text{sum} = \sum_{k=0}^{7} x_k \tag{9.9}$$

によって求め，処理を分岐する．sum $= 0$ のときは，注目点だけが1-画素なので雑音とみなし，0-反転する．sum $= 1$ および sum $= 2$ のとき，8-近傍の画素値は，それぞれ図9.7(a)，図9.7(b)，あるいは，これらの90°，180°，270°回転したパターンとなる．図中の灰色部分は1-画素を表す．このようなパターンでは注目点（図形の中心）は端点であり，0-反転すると最終的に，線状のパターンは消失する．しかし，ある回数まで0-反転を許可することにより，ひげの発生をある程度防ぐことが可能となる．なお，図9.7(b)以外の sum $= 2$ の場合は，0-反転することにより図形が切断される．sum $= 3, 4, 5$ の代表的なパターンをそれぞれ図9.7(c)，図9.7(d)，図9.7(e)に示す．これらのパターンの中で，図9.7(d)の右側の場合，0-反転することにより切断が生じる．それ以外は0-反転可能である．しかし，注目画素から上部の3点と左真横の1点は，これまでの処理で0-反転している可能性がある．例えば，図9.7(c)のパターンでは，真上が0-反転しているときは，

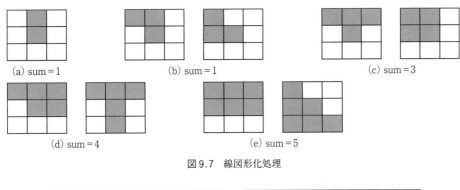

図 9.7 線図形化処理

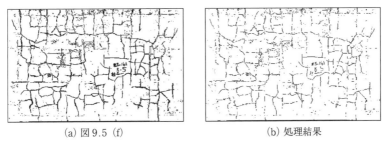

図 9.8 細線化処理の実行例

注目点を 0-反転することにより切断される．また，図 9.7(c) の右側の場合，左上が 0-反転しているとき，注目点を 0-反転することで，線図形の形態が 4-連結でなくなる．このように，図 9.6 の x_1, x_2, x_3, x_4 の 4 点については特別な注意が必要である．4-連結細線化処理を行ったひび割れ画像の例を図 9.8 に示す．

9.2 特徴量の抽出

ひび割れ画像から健全度を評価するためには，まず，画像から何らかの特徴量を抽出する必要がある．一般には，特徴量は 1 種類だけではなく，複数の特徴量を計測し，それらを同時に用いることが多い．そのような特徴量は，次のようなベクトルとして表される．ここで x^t は，ベクトル x の転置を表す．また，n は特徴量の個数である．

$$x^t = (x_1, x_2, ..., x_n) \tag{9.10}$$

特徴量の抽出は識別性能を左右する極めて重要な処理である．この特徴量をいかに巧みに設計・抽出するかで性能の大半が決定付けられてしまう．しかし，特徴量は認識対象に依存し，統一的・一般的な特徴抽出法を実現することは不可能である．そこで今回の応用例では，実際に専門家が行うひび割れの評価手法に基づき特徴量を抽出した．

実際の専門家によるひび割れの評価においては，ひび割れの連続性，ひび割れの集中性，亀甲状・線状の種別，一方向性・二方向性の種別，の 4 つの点検項目において判定がなされている．そこで，これらの情報を反映する特徴量として，ひび割れ画素の周辺分布ヒストグラム，ひび割れによって囲まれた領域の周辺分布ヒストグラム，ひび割れ形状の特徴点分布を特徴量として用いた．以下で，それぞれの特徴量の抽出方法について解説する．

9.2.1 ひび割れ画素の周辺ヒストグラム

細線で表現されたひび割れパターンは，文字パターンと同様に方向を持った線素の集合によって構成されていると考えることができ，周辺分布ヒストグラムによる特徴抽出は有効であると考えられる．ひび割れパターンから水平，垂直，さらには斜め方向の黒画素数を抽出し，それぞれの方向に垂直な軸上に射影して得られる周辺分布を特徴ベクトルとして利用することができる．ひび割れ領域（黒画素）を1-画素とした2値画像を$f[i,j]$，画像サイズを$m \times n$としたとき，垂直方向と水平方向へ射影したひび割れパターンの周辺分布はそれぞれ次のようになる．

$$\text{垂直方向への射影：} \quad P_h[j] = \sum_{i=0}^{m-1} f[i,j] \tag{9.11}$$

$$\text{水平方向への射影）：} \quad P_v[i] = \sum_{j=0}^{n-1} f[i,j] \tag{9.12}$$

周辺分布特徴はパターンの位置情報，量的情報を反映しているので，ひび割れの連続性，およびひび割れの集中性を表現する特徴量として利用することができる．図9.9に示すようにひび割れパターンから水平方向，垂直方向の直交軸上へ射影したヒストグラムを，特徴ベクトルの次元数に応じて量子化し特徴量として用いる．

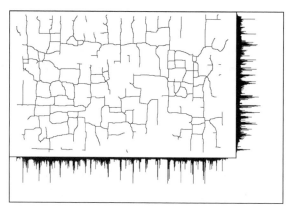

図9.9 ひび割れ画素の周辺分布ヒストグラム

9.2.2 ひび割れによって囲まれた領域の周辺ヒストグラム

ひび割れによって囲まれた領域は剥離が発生する恐れがあるため，専門家はこれらの領域が大きい場合の健全度を低く評価する．したがって，ひび割れ画素によって囲まれた領域の周辺分布ヒストグラムも特徴量として用いることが可能である．ひび割れパターンから，ひび割れ画素によって囲まれた領域の抽出を行うために，画像処理におけるラベリングのアルゴリズムを使用する．画像において，つながっている画素を連結成分と呼ぶ．また，複数の連結成分が存在するとき，各連結成分に識別子を付けることをラベリングと呼ぶ．ラベリングを行うに際しては，まず始めに境界線追跡を行い，境界上のラベリングを行う．ここでは，4-連結の境界線追跡のアルゴリズムを解説する．

図9.10に示すように画像左上からラスタ走査し，境界上の未追跡の1-画素を探し，無ければ終了し，あればその位置を始点として記録する．その画素の周囲を反時計回りに境界上の1-画素

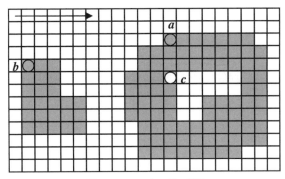

図 9.10　ラベリングの手順

を探し，新しい 1-画素を境界点とする．その新しい 1-画素が始点に一致していなければ，(b)に戻る．一致したならば(a)に戻り，新しい境界の始点を探索する．このアルゴリズム(a)において，左側が 0-画素のときは外側境界の始点，右側が 0-画素のときは内側境界の始点になる．

　左上から水平方向に走査した場合，図 9.10 の例では，右側図形の a 点が最初の境界となる．ラベリングの識別子を 1 から与えるものとすると，右側図形の外側境界を 1 でラベリングする．次に，未追跡の境界を探索すると，b 点が新しい境界の始点になる．これも外側境界なのでラベリングの識別子を 2 に更新し，左側図形の境界をすべて 2 でラベリングする．次の未追跡の境界として内側境界である c 点が求まる．内側境界のときは，その点の座標 (i,j) とすると，i を 1 ずつデクリメント（左側を探索），またはインクリメント（右側を探索）して，その連結成分の外側境界の識別子を求め，内側境界も同じ識別子でラベリングを行う．すべての境界のラベリングを終えたならば，再度左上から走査し，まだラベリングされていない 1-画素があれば，その左側をその識別子でラベリングする．

　以上の手順でラベリングを行うことにより，ひび割れパターンからひび割れ画素によって囲まれた領域の抽出を行った例を図 9.11 に示す．ラベリングによって抽出した領域に対して，前述した手法を用いて水平方向，垂直方向の直交軸上へ射影したヒストグラムを作成し，特徴ベクトルの次元数に応じて量子化し特徴量として用いる．

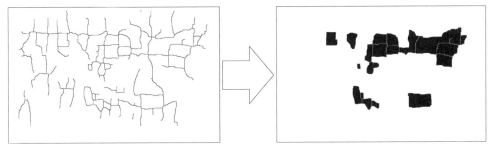

図 9.11　ひび割れ画素によって囲まれた領域の抽出例

9.2.3　ひび割れ形状の特徴点分布

　細線化されたひび割れ形状は，端点，連結点，分岐点，交差点などの特徴点として表現することができる．これらの特徴点はひび割れのパターンの形状的な特徴を表しており，特徴点の出現

度数による特徴抽出は有効であると考えられる．

　画素中にある黒画素（1-画素）を注目点とし，図 9.12 に示すようにそのまわりの画素の状態によって特徴点を決定する．図 9.12 は，3 × 3 マスクを用いた場合の例であり，それぞれのパターンに応じて端点，連結点，分岐点，交差点に分類できる．連結点は画素と画素を接続する特徴点（すなわち，他の特徴点以外の 1-画素は全て連結点）となるので，連結点を除いた他の特徴点の出現度数を特徴量として用いる．これらの特徴点は，注目点の周囲 8 画素を調べ，独立している 1-画素の個数によって分類できる．この個数を連結数と呼ぶ．通常は 8 方向量子化符号を用い，x_k を画素位置 k の画素値とすると連結数 N は，$k = 1, 2, \cdots, 8$ に対して，$x_k = 1$ かつ $x_{k-1} = 1$（ただし，$x_8 = x_0$）のときは N の値を 1 ずつ増やしていく．最終的な N の値によって，$N = 1$ の場合は端点，$N = 2$ の場合は連結点，$N = 3$ の場合は分岐点，$N = 4$ の場合は交差点となる．また，4-連結細線で表されたパターンであれば，注目画素の上下左右に存在する 1-画素の個数から求めることができる．しかし，細線化の過程で，交差点が図 9.13 のようになる場合があるため，上下左右の 1-画素の個数から求め，分岐点や交差点が近接しているときは 1 個の交差点として扱うこととした．

　さらに，この応用例では，上述した端点，分岐点，交差点という特徴点の他に角点を用いることとする．デジタル画像から角点を検出する方法として曲率を利用する方法が通常用いられる．ここでは，ひび割れの線上で，ある画素間隔で代表点を求め，隣り合う代表点を結ぶ直線の勾配が急激に変化するとき，その代表点を角点として認識する方法を用いることとした．図 9.14 に

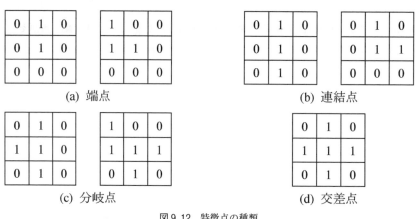

図 9.12　特徴点の種類

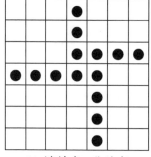
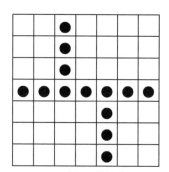

図 9.13　交差点が複数の連結点や分岐点に分かれる例

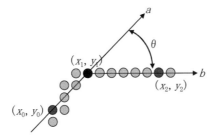

図 9.14 2次元ベクトルのなす角

おいて代表点を a, b で示しており，これらの代表点を結ぶ2つの直線を2次元ベクトル a, b で表現したとき，相関係数は

$$R = \cos\theta = \frac{\langle a, b \rangle}{\|a\| \cdot \|b\|} = \frac{(x_1 - x_0)(x_2 - x_1) + (y_1 - y_0)(y_2 - y_1)}{\sqrt{(x_1 - x_0)^2 + (y_1 - y_0)^2}\sqrt{(x_2 - x_1)^2 + (y_2 - y_1)^2}} \tag{9.13}$$

で求めることができる．角度 θ があるしきい値以上，すなわち相関係数 R がある値以下のとき，中心にある代表点を角点とし，2つの角点が近すぎる場合にはそれらの中間点を角点とする．

特徴点はひび割れパターンの形状的特徴を反映しているので，ひび割れの方向（1方向性，2方向性の種別），亀甲状ひび割れ，または線状ひび割れの種別を表現する特徴量として有効であると考えられる．ここでは，特徴ベクトルの次元数に応じて，ひび割れパターンを複数のブロックに分割し，個々のブロック内における4種類の特徴点の出現度数を特徴量として用いることとした．図 9.15 は特徴点の抽出例である．交差点を●，分岐点を○，端点を■，角点を□で表示している．

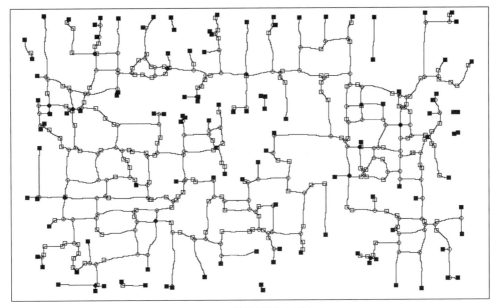

図 9.15 特徴点抽出実行例

9.3 評価実験の結果

ここでは，橋梁の床版を撮影したデジタル画像47枚を対象とし，前述した手順により抽出した特徴量を用いてひびわ割れ画像の分類を行う．分類の手法としては，競合型ニューラルネットワーク（NN；Neural Network）である学習ベクトル量子化（LVQ；Learning Vector Quantization），線形サポートベクトルマシン（SVM；Support Vector Machine），および非線形SVMを適用し，それぞれの識別精度について比較を行う．LVQの学習アルゴリズムには教師データの提示順序の影響を少なくすることによって，学習の安定性を向上させることに成功したアルゴリズム（OLVQ1）を使用した．それぞれのテストケースに対して150回の学習を行う．線形SVMではソフトマージンSVMに拡張したモデルを使用し，非線形SVMにでは多項式型カーネルとGaussian型カーネルの2種類を使用する．また，学習段階においては，それぞれの画像に対して専門家が行った3段階（A，B，C）の健全度を教師信号として用いる．識別結果の評価指標は適合率（Precision）を用い，識別精度の評価は，データ数が少ないため，1つのデータを評価用のデータとして抜き出し，残りを教師データとする一個抜き交差検証（LOOCV；Leave-One-Out Cross-Validation）で行う．

9.3.1 LVQ による識別実験

まず，周辺分布ヒストグラムの特徴量を用いたLVQによる，ひび割れ画像の分類を行う．作成する特徴ベクトルの次元数はそれぞれ4次元，8次元，16次元，32次元である．それぞれの手法における識別結果を表9.1に示す．

LVQの識別結果における最大識別率は特徴次元数8，および16において80.9％となった．これらの結果からひび割れの分類おいて周辺分布ヒストグラムによる特徴量が有効であるといえる．周辺分布ヒストグラムにおける分類では，LVQではクラスBの識別率にくらべクラスAの識別率が高くなることを確認することができた．このことは損傷度の高い床版の画像を特に識別できているということであり，損傷度の診断においてより重要なことであると考えることができる．

表9.1 LVQ識別結果（周辺分布ヒストグラム）

次元数	識別精度			
	A(9)	B(13)	C(24)	TOTAL
4	50	46.2	87.5	68.1
8	80	61.5	91.7	80.9
16	80	61.5	91.7	80.9
32	70	61.5	91.7	78.7

次に，特徴点の出現度数による特徴量を用いてひび割れ画像の分類を行う．周辺分布ヒストグラムの場合と同様に，作成する特徴ベクトルの次元数はそれぞれ4次元，8次元，16次元，32次元である．それぞれの手法における識別結果を表9.2に示す．

LVQの識別結果における最大識別率は特徴次元数4において80.9％となり，周辺分布ヒストグラムを用いた場合と同様に80％を越える高い識別率を得ることができた．これらの結果からひび割れの分類において特徴点の出現度数による特徴量は有効であると考えることができる．

表9.2 LVQ 識別結果（特徴点の出現度数）

次元数	識別精度			
	A(9)	B(13)	C(24)	TOTAL
4	60	76.9	91.7	80.9
8	60	61.5	91.7	76.6
16	60	61.5	91.7	76.6
32	60	61.5	91.7	76.6

　各特徴量を単独で用いた場合でも 80％を超える識別率を得ることができた．しかし，それぞれの特徴量において各クラスの識別結果の被覆が異なることから，これら 2 つの特徴量をうまく組み合わせることにより，より高い識別率が得られると考えられる．そこで，周辺分布ヒストグラ特徴と特徴点の出現度数特徴を組み合わせた特徴量を用いて，LVQ による学習識別を行った．識別結果を表 9.3 に示す．

　LVQ における最大識別率は特徴次元数 32 において 80.9％となり，各特徴量単体で用いた場合と同様の識別率であり，特徴量を組み合わせて用いることにより識別率を改善することはできなかった．

表9.3 LVQ 識別結果（特徴量の組み合わせ）

次元数	識別精度			
	A(9)	B(13)	C(24)	TOTAL
20(4+4)	50	61.5	87.5	72.3
24(8+4)	60	69.2	91.7	78.7
32(16+4)	70	69.2	91.7	80.9
48(32+4)	80	46.2	91.7	76.6

9.3.2 線形 SVM による識別実験

　次に，周辺分布ヒストグラムの特徴量を用いて，ソフトマージンで拡張した線形サポートベクトルマシンによるひび割れ画像の分類を行った．作成する特徴ベクトルの次元数は，それぞれ 4 次元，8 次元，16 次元，32 次元である．それぞれの手法における識別結果を表 9.4 に示す．

　線形 SVM の識別結果における最大識別率は特徴次元数 32 において 80.9％となった．LVQ における結果と同様に 80％を超える高い識別率が得られた．これらの結果からひび割れの分類において周辺分布ヒストグラムによる特徴量が有効であると考えることができる．周辺分布ヒスト

表9.4 線形 SVM 識別結果（周辺分布ヒストグラム）

次元数	識別精度			
	A(9)	B(13)	C(24)	TOTAL
4	50	69.2	91.7	76.6
8	60	69.2	91.7	78.7
16	60	61.5	91.7	76.6
32	70	69.2	91.7	80.9

グラムにおける分類では，LVQではクラスAの識別率に比べて全体的に高いのに対し，線形SVMではクラスAの識別率がLVQの場合ほど高くないことを確認することができた．

次に，特徴点の出現度数による特徴量を用いてひび割れ画像の分類を行う．周辺分布ヒストグラムの場合と同様に，作成する特徴ベクトルの次元数はそれぞれ4次元，8次元，16次元，32次元である．それぞれの手法における識別結果を表9.5に示す．

線形SVMの識別結果における最大識別率は特徴次元数16において83.0％となり，特徴点の出現度数における画像の分類では，LVQによる識別精度と比べ線形SVMを用いた場合により良い結果が得ることができた．これらの結果からひび割れの分類において特徴点の出現度数による特徴量は有効であると考えることができる．

表9.5 線形SVM識別結果（特徴点の出現度数）

次元数	識別精度			
	A(9)	B(13)	C(24)	TOTAL
4	50	84.6	91.7	80.9
8	60	76.9	91.7	80.9
16	60	84.6	91.7	83.0
32	50	84.6	91.7	80.9

LVQの場合と同様に，周辺分布ヒストグラムの特徴と特徴点の出現度数を組み合わせた特徴量を用いて，線形SVMによる学習識別を行った．それぞれの手法における識別結果を表9.6に示す．

LVQにおいては特徴量を組み合わせて用いることにより識別率を改善することはできなかったが，SVMの識別結果における最大識別率は特徴次元数24において85.1％となり，特徴量を組み合わせて用いることにより識別率が改善されることを確認できた．以上の結果から，識別器としてLVQとSVMを比べた場合に，SVMの方がより良い結果を得ることができることを確認することができた．

表9.6 線形SVM識別結果（特徴量の組み合わせ）

次元数	識別精度			
	A(9)	B(13)	C(24)	TOTAL
20(4+4)	50	84.6	91.7	80.9
24(8+4)	60	92.3	91.7	85.1
32(16+4)	60	69.2	91.7	78.7
48(32+4)	70	69.2	91.7	80.9

9.3.3 非線形SVMによる識別実験

最後に，カーネルトリックを用いて非線形識別器に拡張したSVMによる識別を行う．カーネルとしては，多項式型カーネルおよびGaussian型カーネルの2種類を用いて実験を行った．ここでは，他の手法との識別精度の比較，および2種類のカーネルによる識別精度の比較を行う．

9.3 評価実験の結果 **135**

(1) 多項式型カーネルを用いた場合

周辺分布ヒストグラムの特徴量を用いて，多項式型カーネルで拡張した非線形SVMによるひび割れ画像の分類を行った識別結果を表9.7に示す．作成する特徴ベクトルの次元数はそれぞれ4次元，8次元，16次元，32次元である．

最大識別率は特徴次元数8において83％となった．周辺分布ヒストグラムを用いた，線形SVMによる結果では，最大識別率は80.9％であることから，カーネルを用いて非線形に拡張したSVMを用いることによってより高い識別率が得られることを確認することができた．

表9.7 多項式型カーネル非線形SVM識別結果（周辺分布ヒストグラム）

次元数	識別精度			
	A(9)	B(13)	C(24)	TOTAL
4	50	84.6	91.7	80.9
8	60	84.6	91.7	83.0
16	50	84.6	91.7	80.9
32	70	69.2	91.7	80.9

次に，特徴点の出現度数による特徴量を用いてひび割れ画像の分類を行う．周辺分布ヒストグラムの場合と同様に，作成する特徴ベクトルの次元数はそれぞれ4次元，8次元，16次元，32次元である．それぞれの手法における識別結果を表9.8に示す．

最大識別率は特徴次元数16において85.1％となった．特徴点の出現度数を用いた，線形SVMによる結果では，最大識別率は83％であることから，特徴点の出現度数を特徴量として用いた場合でも，カーネルを用いて非線形に拡張したSVMを用いることによってより高い識別率が得られることを確認することができた．

表9.8 多項式型カーネル非線形SVM識別結果（特徴点の出現度数）

次元数	識別精度			
	A(9)	B(13)	C(24)	TOTAL
4	60	76.9	91.7	80.9
8	60	76.9	91.7	80.9
16	60	92.3	91.7	85.1
32	70	69.2	91.7	80.9

他の手法の場合と同様に，2つの特徴量を組み合わせて多項式型カーネルで拡張した非線形SVM学習識別を行った．識別結果を表9.9に示す．

表9.9 多項式型カーネル非線形SVM識別結果（特徴量の組み合わせ）

次元数	識別精度			
	A(9)	B(13)	C(24)	TOTAL
20(4+4)	70	69.2	91.7	80.9
24(8+4)	70	69.2	91.7	80.9
32(16+4)	80	69.2	91.7	83.0
48(32+4)	80	76.9	91.7	85.1

136　9章　コンクリート工学分野への応用

多項式型カーネルで拡張した非線形SVMによる最大識別率は特徴次元数48において85.1％となった．特徴量を組み合わせて用いた結果において，クラスAの識別率が全体的に高いことから，識別器として線形SVMと非線形SVMの識別結果を比較した場合，カーネルによって拡張した非線形SVMの方が良い診断結果が得られることを確認することができた．

⑵ Gaussian型カーネルを用いた場合

周辺分布ヒストグラムの特徴量を用いて，Gaussian型カーネルで拡張した非線形SVMによるひび割れ画像の分類を行った識別結果を表9.10に示す．作成する特徴ベクトルの次元数はそれぞれ4次元，8次元，16次元，32次元である．

Gaussian型カーネルで拡張した非線形SVMによる最大識別率は，特徴次元数8，16，および，32において80.9％となった．Gaussian型カーネルで拡張した非線形SVMによる識別結果では，他の手法と比べてクラスAにおいて高い識別率が得られており，パターン認識系の識別器としてGaussian型カーネルで拡張した非線形SVMを使用することは有効であると考えることができる．

表9.10　Gaussian カーネル非線形 SVM 識別結果（周辺分布ヒストグラム）

次元数	識別精度			
	A(9)	B(13)	C(24)	TOTAL
4	50	61.5	91.7	74.5
8	70	69.2	91.7	80.9
16	80	61.5	91.7	80.9
32	80	61.5	91.7	80.9

次に，特徴点の出現度数による特徴量を用いてひび割れ画像の分類を行う．周辺分布ヒストグラムの場合と同様に，作成する特徴ベクトルの次元数はそれぞれ4次元，8次元，16次元，32次元である．それぞれの手法における識別結果を表9.11に示す．Gaussian型カーネルで拡張した非線形SVMによる最大識別率は特徴次元数16において85.1％となり，線形SVMや多項式型カーネルを使用した場合と同様に高い識別率が得られた．

表9.11　Gaussian カーネル非線形 SVM 識別結果（特徴点の出現度数）

次元数	識別精度			
	A(9)	B(13)	C(24)	TOTAL
4	50	84.6	91.7	80.9
8	70	76.9	91.7	83.0
16	70	84.6	91.7	85.1
32	60	92.3	87.5	83.0

周辺分布ヒストグラ特徴と特徴点の出現度数特徴を組み合わせた特徴量を用いて，Gaussian型カーネルで拡張した非線形SVMによる学習識別を行った結果を表9.12に示す．最大識別率は特徴次元数32および48において85.1％となり，線形SVMや多項式型カーネルを使用した場合と同様に高い識別率が得られた．しかし，Gaussianカーネルを用いた場合より多くの特徴ベク

表 9.12 Gaussian カーネル非線形 SVM 識別結果（特徴量の組み合わせ）

次元数	識別精度			
	A(9)	B(13)	C(24)	TOTAL
20(4+4)	50	92.3	91.7	83.0
24(8+4)	50	84.6	91.7	80.9
32(16+4)	60	92.3	91.7	85.1
48(32+4)	70	84.6	91.7	85.1

トルにおいて 85.1％ の識別率が得られることから，Gaussian 型カーネルで拡張した非線形 SVM を用いることにより他の手法より識別精度が向上することを確認することができた．

■ 9 章　参考文献

1）　広兼道幸・野村泰稔・楠瀬芳之：コンクリート構造物のひび割れ形状に基づく損傷度分類への線形 SVM の適用，土木学会論文集 A，Vol. 64，No. 4，2008，pp. 739-749

10章

施工分野への応用
～ AI を利活用したトンネル切羽地質状況自動評価システムの構築および施工現場への適用～

10.1　はじめに

　ダムやトンネルなど岩盤構造物の建設に際しては，計画地点における地質状況を詳細に把握し，その状況に応じて最適な設計および施工を実施することが重要となる．これに対して，調査・設計段階において，各種地質調査や物理探査などを実施することにより，計画地点を構成する地質の分布状況や工学的特性などを評価し，その結果をもとにダム基礎やトンネル支保などの設計が行われる．ただし，この調査・設計段階において，種々の検討にかける費用に限度があるとともに，上述した地質調査や物理探査の精度自体に限界があるため，この段階で広範にわたり詳細な地質状況を把握することは困難となる[1),2)]．

　また，その後の施工段階においては，実際のトンネル切羽や掘削のり面において地質状況を直接，詳細に確認し，事前に想定されていた評価結果と実際の状況との差異を認識する．その際，目視による地質観察とともに，種々の探査や計測による定量的な測定値，物性値なども重要な判断材料となり，その状況によっては，当該仕様の変更や追加対策工の検討，工程進捗管理の妥当性検証を実施するなど，施工計画や設計を見直すことが重要となる．

　ただし，上述した施工現場における検討に際しては，主にコスト面の観点から，地質技術者が直接関わる機会が少ないことが課題として挙げられる．具体的には，ダム基礎の地質状況確認，スケッチ作成，基礎としての適正評価など，重要度の高い要件については，地質評価の業務として企業者からコンサルタントに発注されるものの，掘削のり面の安定性評価，トンネル切羽の支保パターン妥当性検討などの日常管理業務においては，現場に常駐する土木技術者により実施される場合が大半である．

　これに対して，近年，建設現場における生産性向上を目的とした i-Construction への取組みが強化されており，ICT 技術の積極的活用など種々の検討がなされている．このような状況の中，上述した課題に対処する目的で，CIM（Construction Information Modeling /Management：図 10.1）と呼ばれる，3 次元図を利活用した手法を用いた種々の検討が実施されており，施工現場における地質情報や計測結果を CIM 上で一元管理するシステムなども関発されている[3)]．また，特に他業種において，AI（Artificial Intelligence：人工知能）や画像処理技術などの最新技術を利活用した多岐にわたる検討が実施され，種々の評価に関する高度化，省力化が図られており，建設業においても適用性の検討が実施され始めている[4)]．このうち，AI を利用した画像認識技術は，評価対象の外観の特徴を大量の事例の中から自動的に学習し，評価の最適化，高度化を図る

手法であり，岩盤の工学的特性評価など，地質状況の自動評価に適用できる可能性がある．

　本章においては，上述した建設業の現状やトンネル施工現場における実情，そして昨今の ICT 技術に関する技術革新状況を踏まえ，トンネル施工現場における地質状況を AI，CIM，画像認識技術などを利活用して一元管理するシステムについて，具体的な構築内容と施工現場における適用事例について詳述する．

10.2　トンネル施工現場における地質評価に関する課題

10.2.1　調査・設計段階における地質評価に関する課題

　トンネルや大規模地下空洞の地質調査は，当該地域における既往地質調査に関する文献調査に始まり，その状況や構造物の規模に応じて地表面踏査，ボーリング調査などの地質調査および地山の弾性波速度や比抵抗値測定などの物理探査が実施される．しかしながら，施工事例の多い道路や鉄道トンネルなどにおいては，線状の構造物が広範にわたり設定されるとともに，最大数百 m 程度以深の地山深部に計画される場合もあるため，掘削箇所全線の地質状況を事前に詳細に把握することは，調査費用の観点，そして調査精度の観点から，非常に困難である．

　このため，トンネル全線の設計については，図 10.2 に示すように，比較的容易に広範の地質状況を推定できる地表面からの弾性波探査や比抵抗探査の結果をもとに，地下深部のトンネル掘削箇所における岩盤の工学的特性を推定し，支保パターンの設計および低速度帯や断層破砕帯の評価など，詳細な検討が実施される．ただし，上述したような種々の制約により，設計時に設定された支保パターンと，掘削時に切羽の地質状況を確認した上で設定した実績との差異がある事例も多くあり，これにより生じる設計変更に伴う工費の増大などが課題として指摘されている．

　また，近年，計画が進められている，高レベル放射性廃棄物地層処分空洞やリニア中央新幹線トンネルなどにおいては，深度 300 m 以深の広範に計画されていることもあり，高地圧に起因する空洞の不安定化や突発湧水の発生などが想定されている．これに対しては，施工時の安全確保とともに，恒久的な地下空洞の安定性を保持するために，空洞設置箇所の地質状況を詳細に把握した上で，その状況に応じた最適な対策を講じるなど，通常の地下構造物建設よりも高い品質が要求される．さらに，近年，公共工事における調査・設計段階から建設段階そして維持管理段階まで見越した全体工費の抑制が重要課題として指摘されており，Q（品質），C（工費），D（工期），S（安全），E（慣用），あらゆる側面に寄与するためのより効率的かつ効果的な施工が求められている．

10.2.2　施工段階における地質評価に関する課題

　上述した課題に対処するためには，施工開始前において事前調査段階で推定された地質状況を把握し，その状況に応じた最適な施工計画を策定するとともに，掘削時に地質状況をより詳細に観察することにより，事前想定との差異を確実に評価し，状況に応じて最適な追加対策を講じる必要がある．これに対しては，掘削時の地質状況観察が通常，一日一回，数 m 間隔で実施され，その結果は表 10.1 に示すような岩盤の特性要素に関する評価項目などについて切羽観察結果として整理される．そして，支保パターンの検討などを企業者と現地で実施する岩判定時においては，既掘削箇所は吹付工が施されているため，この切羽観察記録を参照して掘削箇所周辺の状況

140　10章　施工分野への応用

図10.1　トンネル施工現場におけるCIM表示例

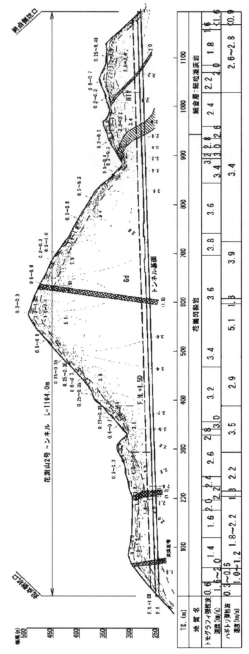

図10.2　トンネル地質縦断図の例

を評価するとともに，唯一，直接，地質状況を確認できる切羽のみで評価が行われる．これについては，観察記録で当該箇所における地質状況は適格に整理されているものの，表10.1に示すような，岩盤の圧縮強度や割れ目の頻度，風化変質などの各評価項目が，幅を持った定量的な評価か定性的な評価に留まっている．また，各細評価項目に重み付けした評価点数を合算して得られる切羽評価点についても，図10.3に示すように，支保パターンとの相関関係は確認されてい

表10.1 切羽観察記録における地質状況評価項目の一例

	1	2	3	4
圧縮強度	100MPa以上 ハンマー打撃 はね返る	100〜20MPa ハンマー打撃で砕ける	20〜5MPa 軽い打撃で砕ける	5MPa以下 ハンマーの刃先食いこむ
割れ目の頻度	1m以上 割れ目なし	1m〜20cm	20〜5cm	5cm以下 破砕当初より未固結
風化変質	なし・健全	岩目に沿って変色 強度やや劣化	全体に変色 強度相当に低下	土砂状・細片状・破砕 当初より未固結

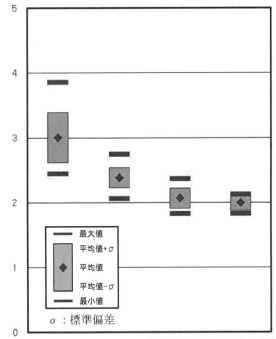

区分	DI-b	CII-b	CI	CI-L
度　数	65	73	26	9
最大値	3.86	2.75	2.37	2.13
平均値＋σ	3.39	2.54	2.22	2.12
平均値	3.01	2.39	2.07	2.00
平均値−σ	2.62	2.23	1.91	1.87
最小値	2.45	2.06	1.83	1.83
標準偏差	0.38	0.15	0.16	0.12

(CI拡幅部)

図10.3 支保パターンごとの切羽評価点頻度分布例

るものの，データのばらつきがやや大きいことが課題とされている．

これに対して，実際のトンネル掘削時においては，この地質観察とともに，切羽や前方の状況確認手段として，探りボーリングや削孔検層，各種切羽前方探査が適用される事例が増えてきている．これにより，断層などの地山不良部や大量湧水発生分布位置などを事前に予測し，その状況に応じた追加対策などを実施することにより，トンネルの安定性を確保している．ただし，上述した調査についても，それぞれ調査に関わる費用や精度，そしてトンネル施工を中断することによる工程への影響などが課題として挙げられている．

上述した現状や課題を踏まえ，地質状況の複雑なわが国におけるトンネル施工現場においては，事前地質調査結果より得られる情報に限界があることを認識するとともに，施工時に確認できる地質状況に応じたより効率的かつ効果的な施工を実現する必要があると考えられる．

10.3　トンネル切羽地質状況自動評価システムの構築および施工現場への適用

本章においては，2章で述べた既往のトンネル施工現場における課題を踏まえ，種々の検討を実施したトンネル切羽地質状況自動評価システムシステムについて，（1）開発に際し実施した既往施工事例を用いた検討と（2）施工現場において実運用するためのシステム開発内容に分けて詳述する．

10.3.1　既往の施工実績を用いた自動評価システム検討

本システムは，実際のトンネル現場の切羽観察記録と，当該切羽において得られる岩盤の物性値で，支保設計の根拠となる弾性波速度を教師データとした，システム開発を行った．

ここでは，具体的なシステムの概要と実際に実施した検討内容について述べる．

(1) 評価システムの概要

今回開発したシステムは，人工知能の画像認識技術を利活用し，切羽写真から岩盤の工学的特性を自動評価するものである．開発に際しては，当社開発の掘削発破を利用した弾性波探査手法であるTFT探査[5]より得られる切羽の弾性波速度と，当該地点の切羽写真を教師データとして，その両者の関係をAIに学習させた．

岩盤の工学的特性を判断する手法として，ダム基礎岩盤の評価に適用する，電中研式岩盤等級区分が現在でも広く適用されている[6]．これは，地質専門技術者が経験的に把握している，図10.4に示すような，CH～CM～CL級と等級が落ちるごとに新鮮岩～弱風化岩～強風化岩と漸移的に変化する岩盤の外観，表10.1に示すような岩質部の圧縮強度，割れ目の頻度，風化変質などの細評価項目の組み合わせから岩盤の工学的特性をランキングし，それを図10.4に示すような等級ごとにグルーピングする手法である．この岩盤等級区分においては，表10.2に示すように，既往の岩盤試験結果より，強度特性，変形特性などとの対応関係が確認されており，トンネルの設計根拠となっている弾性波速度との相関関係も認められている[6]．

上述した既往の評価手法に準じて，岩盤の外観を示す切羽写真とその工学的特性を示す弾性波速度との関係を人工知能に学習させるのに際し，CNN法と呼ばれる他部門では広く適用事例がある人工知能の機械学習手法を適用した．CNN法とは，上述した教師データをもとに反復的に

図10.4 岩盤等級区分評価例

表10.2 電中研式岩盤等級区分と物性値の関係[6]

岩盤等級	岩盤の変形係数 (kg/cm²)	岩盤の静弾性係数 (kg/cm²)	岩盤の粘着力 (kg/cm²)	岩盤の内部摩擦角 (°)	岩盤の弾性波速度 (km/sec)	ロックテストハンマー反発度
A～B	50,000以上	80,000以上	40以上	55～65	3.7以上	36以上
C_H	50,000～20,000	80,000～40,000	40～20	40～55	3.7～3	36～27
C_M	20,000～5,000	40,000～15,000	20～10	30～45	3～1.5	27～15
C_L	5,000以下	15,000以下	10以下	15～38	1.5以下	15以下
D						

（1kg/cm² = 0.098MPa）

学習し，そこに潜むパターンを自動的に見つけ出す機械学習の一手法である．脳機能に見られるいくつかの特性を，計算機上のシミュレーションによって表現することを目指した数学モデルであるニューラルネットワークを多層化した手法の一つで，畳み込みニューラルネットワークと呼ばれる．これに画像などのデータを入力すると，情報が第1層からより深くへ伝達されるうちに，各層で学習が繰り返される．この過程で，これまでは画像や音声などにより当該分野の研究者，技術者が手動で設定していた特徴量が自動で計算される．

(2) 教師データとなるTFT探査による弾性波速度測定

一般的に，屈折法弾性波探査は，探査測線上に複数の受振器を設置し，小規模な発破により弾性波を発生させ，各受振器に到達する弾性波を測定する．この際，発破による電気信号を出力する弾性波探査用発破器を使用し，発破と同時にデータロガーの記録を開始することで各受振器に弾性波が到達する時刻の差（初動到達時間）を測定する．さらに，予め測量等により求められる発破点から受振点の距離と初動到達時間により走時曲線を作成し，その勾配から弾性波速度を算出する．

TFT探査システムは，測定データの集約器となるトンネルフェイステスターと周辺機器（電流センサー，地震計，ICレコーダー）から構成される．トンネルフェイステスターは電流センサーおよび地震計から入力された信号を2チャンネルの電圧信号としてICレコーダーに出力する．

電流センサーは非接触型センサーであり，発破回路に取り付けることで，発破時の電流を感知し，独立した回路に電圧として安全に出力する．また，弾性波データを記録するために音楽用録音機として汎用的に使用されている IC レコーダー（TASCAM 製 DR-05，最大分解能 24 bit，最大サンプリング周波数 96 kHz）を使用し，連続録音状態とすることにより，複数回の発破により発生する弾性波および発破信号を記録することができる．地震計は，屈折法地震探査で使用されるジオフォン（OYO 製 GS-20 DH，固有周波数 28 Hz）を使用し，トンネル支保工として坑壁に打設されているロックボルト（通常，$L = 3 \sim 4$ m）をウエーブガイドとして利用し，その頭部に機械的に設置する．

上述したような手法により，トンネル施工を中断することなく，トンネル前方からの反射波，切羽発破箇所からの直接波を連続的に測定することが可能となる．

トンネル掘削において発生する弾性波はトンネル周辺の岩盤を伝播し，その弾性波速度は切羽と地震計との距離と弾性波の初動到達時間より求めることができる．図 10.5 に弾性波速度の計測概念図を示す．ここで，地震計と切羽間の距離：L_i，弾性波の初動の到達時間：t_i から，切羽と地震計との間の弾性波速度は次式のように表すことができる．

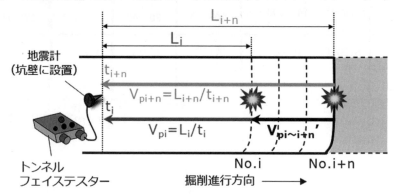

図 10.5 弾性波速度計測概念図

$$V_{p1} = L_i/t_i \tag{10.1}$$

掘削進行に伴い同一直線上で前進する切羽からの弾性波を，地震計の位置を変えずに計測した場合，既測定区間の弾性波伝播経路は同一と考えられ，その際の弾性波速度は，既計測区間と進行区間との合成であると考えられる．既計測区間より n 基掘削が進行した場合の区間弾性波速度 V_p' は次式のように表すことができる．

$$V'_{pi \sim i+n} = (L_{i+n} - L_i)/(t_{i+n} - t_i) \tag{10.2}$$

地震計の位置が同一の場合，図 10.6 に示すように計測距離（切羽〜地震計）L と弾性波の初動到達時間 t の関係（走時曲線）が線形を有する場合，切羽進行区間の区間弾性波速度 V'_p は走時曲線から求めることができる．走時曲線と区間弾性波速度を次式に示す．

$$t = aL + b \tag{10.3}$$

$$V'_p = \frac{dL}{dt} = \frac{1}{a} \tag{10.4}$$

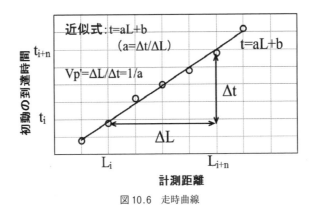

図10.6　走時曲線

(3) 切羽観察記録と弾性波速度を用いた自動評価手法の詳細

本検討においては，上述したシステムによる評価結果の妥当性を検証する目的で，既往の当社施工実績である，花崗岩を掘削した1.2 kmのトンネルにおける134枚の切羽観察記録を用いた検討を実施した．具体的には，当該切羽における地質状況写真と弾性波速度を教師データにして両者の関係をAIに認識させた後に，新たな切羽写真をもとに判定を実施すると，既往の学習済み画像と当該切羽画像の類似点を自動的に評価し，弾性波速度を瞬時に自動判定する仕組みとなっている．

上述したような同様な検討の際，約数万程度の学習実績が必要とされているため，切羽写真において1辺0.5 m，1.0 m，2.0 mの正方形枠を一単位として切羽内で数十cmごとずらしていき，一切羽280箇所の検討を実施することで所要の検討数を確保した．なお，一枠の大きさについては，表10.1，図10.4に示すように，岩盤等級区分の判定が，岩質部の圧縮強度，割れ目間隔，風化程度の組み合わせにより評価されていること，このうち特に割れ目間隔の重要度が高いことを考慮し，地質不良部10 cm間隔程度以下，良好部20 cm間隔程度以上を網羅できる50 cm以上とした．

上述した学習を実施する際には，図10.7に示すように，弾性波速度をもとにしてトンネル支保パターンCⅠ，CⅡ，DⅠの3区分の画像群，さらにそれぞれを3〜4区分に分けた10区分の画像群に分けて検討を実施し，同一区分内の画像における特徴の類似点，他区分画像との差異など，特徴点の自動評価を実施した．また，新たな未知の画像を用いた判定に際しては，所要の数量の学習後に，当該画像が何れの区分の画像群に類似しているかを判定させ，当該地点で得られた弾性波速度との関係を正答率とした．

(4) AI弾性波速度自動評価結果

ここで表10.3に，一枠の大きさを0.5 m，1.0 m，2.0 mとした際の検討結果を示す．このうち，3分類の認識率とは，学習させていない切羽写真を学習済みの人工知能に判定させた際，判定結果と実際の弾性波速度との関係が，上述した3分類の範囲内で判定しているか否かを示したものである．これをみると，何れの枠においても約85％程度を呈しているものの，1.0 m枠で最も正答率が良いことが明らかになった．

また，各大区分を3〜4区分，全体を10区分した小項目に対する正答率を確認したところ，

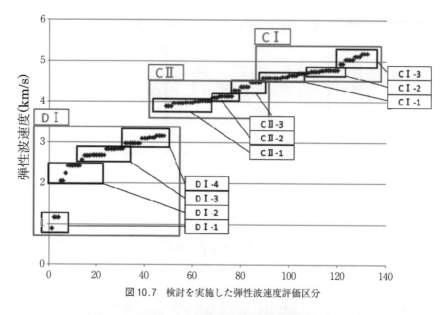

図 10.7 検討を実施した弾性波速度評価区分

表 10.3 AI 弾性波速度自動評価結果

画素サイズ	画像フォーマット	分類数	認識率
32x32 (0.5m 枠)	RGB	3分類	84.6%
		10分類	41.0%
		トレーニング画像10分類	77.6%

画素サイズ	画像フォーマット	分類数	認識率
64x64 (1.0m 枠)	RGB	3分類	86.7%
		10分類	56.5%
		トレーニング画像10分類	99.1%

画素サイズ	画像フォーマット	分類数	認識率
128x128 (2.0m 枠)	RGB	3分類	85.8%
		10分類	61.0%
		トレーニング画像10分類	97.0%

画素サイズ	画像フォーマット	分類数	認識率
64x64 (1.0m 枠)	Gray	3分類	76.30%
		10分類	41.50%
		トレーニング画像10分類	95.9%

約 40 ～ 60 % 程度の正答率があり，検討枠が大きいほど正答率が高くなる傾向が認められた．なお，事前に学習させた切羽写真を再度，AI に認識させた際に得られる，トレーニング画像の正答率をみると，0.5 m 枠については 78 % 程度であるものの，1.0 m，2.0 m 枠とも 97 % 以上の高い正答率を示した．

また，AI が岩盤の色をどの程度評価対象にしているかを確認する目的で，上述した検討に用いた画像を白黒にしたもので 1 m 枠の検討を実施した．その結果，カラー画像の場合と比較して，未知の画像に対する正答率が 10 % 程度低下するとともに，トレーニング済み画像については約 3 % 程度しか正答率が下がらなかった．これは，人工知能が図 10.4 に示す岩盤の色調を判定材料としているものの，良好な岩盤ほど割れ目間隔が粗く形状の凹凸が大きい，不良な岩盤ほど割れ目間隔が細かく形状の凹凸が少ないことを，主要な判断材料としていると考えられる．

これにより，AI による画像認識技術で，図 10.7 に示した現況のトンネル支保パターンである

CⅠ，CⅡ，DⅠごとの地山判定を実施できることともに，それを細区分したより詳細な評価を実現できる可能性があることを確認できた．実際に評価を実施した検討枠の大きさについては，表10.2に示す割れ目の評価区分が，2ランク：1m～20cm，3ランク：20～25cm，4ランク：5cm以下を区分する場合が大半であり，1m程度の検討枠が割れ目の分布状況を的確に捉えられているため，最も正答率が高くなったと推察される．今後，花崗岩以外の岩種も含めて，種々の検討事例を増やしていきながら，システムの継続的改善を図っていく所存である．

10.3.2 施工現場運用システムの構築

上述した既往の施工実績を用いた検討を踏まえ，図10.8に示すような稼動現場において実務として運用するシステムを構築した．具体的には，トンネルにおける発破，掘削整形が完了した時点で，即時に切羽写真撮影を実施する．そして，写真をデータセンターに転送すると，AIが既往の施工実績や当該トンネル既掘削部における地質状況と弾性波速度との関係などを参照し，即座に当該切羽の推定弾性波速度を返信する．

これにより，当該切羽手前における既掘削部の地質状況と当該地点との差異を定量的にリアルタイムで評価できる．そして，切羽鏡吹付の必要性評価，発破孔配置判定，支保パターンの妥当性評価など，従来，現場技術者や坑夫による定性的な判定や，種々の探査や調査を実施後，時間をかけて整理した事後の検討結果などを参考にしていた種々の施工判断を，発破直後に実施できる可能性がある．

なお，TFT探査による切羽弾性波速度については，上述したAIで自動判定した当該切羽掘削直後から，数十m掘進が進捗した時点で，図10.6に示すような数箇所の探査結果を参照しながら判明する．そのデータについては，弾性波速度の結果が判明した時点で逐次，図10.8に示す機械学習サーバーに蓄積される．そして，その時点で，再度，掘削直後に推定した速度と実績値との差異をAIが学習し，新たな掘削箇所のリアルタイム判定に際しては，その学習結果が逐次反映されていく．

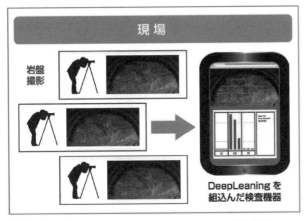

図10.8　現場運用システムの概要

上述したAIシステムに加え，トンネル施工現場における地質評価に関する課題に対して総合的に対処することを目的として，図10.9に示すような「トンネル施工現場地質状況ICT管理シ

ステム」を現在，開発中である．具体的には，トンネル施工現場において，地質観察結果や計測結果をクラウド上にある CIM（図 10.1）を利活用してリアルタイムにデータベース化するとともに，遠隔地にいる施工業者の専門技術者，そして発注者やコンサルタントがその状況を確認できるようにした[8]．また，上述したように，このクラウド上にある AI が，過去の実績や種々の評価内容を学習して，現在，進捗している現場における地質状況を自動判定するとともに，その状況に応じた最適な施工仕様を評価する仕組みを構築した[8]．

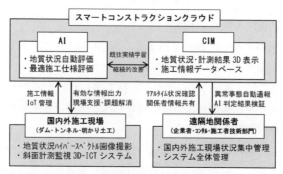

図 10.9　建設現場地質状況 ICT 管理システムの構築

　これにより，トンネル現場に地質技術者が常駐していなくても，地質状況の詳細評価，そしてその状況に応じた最適な施工判断を実施できる可能性がある．また，異常事態発生時や岩盤判定立会時などにおいては，企業者，コンサルタント，施工業者技術部門などがクラウドを介して情報共有して，現地に赴かずに三者で協議するなど，既往の手法よりも高度な評価を簡便かつ即時に実施できると考えられる．このような手法を通じて，多くの現場における地質情報を一元管理するとともに，AI の自動判定結果を日々，専門技術者が検証し，システム全体の継続的改善を図っていくことにより，あらゆる種類，規模の現場において，質の高い地質状況評価，その状況に応じた最適な施工を実現できる可能性がある．

10.4　現状の課題と今後の取り組み

　上述したトンネル施工現場地質状況 ICT 管理システムについては，現時点で全体システムの構築を完了し，現場での試験運用を開始している．今後，適用現場のニーズを勘案しながら継続的改善を図っていくとともに，トンネル現場以外のダムや明かり造成現場などにおける地質状況管理に関する展開，そして地質評価以外の工種，項目への拡張を図っていく所存である．
　また，上述した AI などによる種々の分析においては，自動評価したい内容に係わる有用なデータの取得，利活用が重要となる．具体的には，事前に，既往の施工現場で確認された地質状況と施工実績，不具合事例などとの関連が分かる情報を整理し，その両者の因果関係を AI などに学習させる必要がある．これにより，現在稼動している現場において，既往実績を学習した AI が，当該現場で取得されたデータを膨大な学習実績に照らし，現況と類似する既往実績を摘出することにより，地質状況の評価およびその際想定される施工状況などを自動的に推定することが可能となる．そして，複数の現場において多くの同様な検討が日々実施される中，遠隔地にいる地質技術者が上述した自動評価結果を吟味することにより，システム全体を PDCA 管理しながら，

継続的改善を図っていく必要がある．

　上述した仕組みを具現化していくためには，有用なセンシングデータの取得が欠かせない．現時点における種々のデータ分析は，既往の写真画像，点で捉えた変位データなどをもとに検討を実施しているが，他業種の事例などを参照すると，自動評価精度向上のためには，より詳細かつ定量的で膨大なデータが必要とされる．これに対して，岩盤の色の情報を125次元で捕らえるマルチスペクトルカメラ（図10.10），3次元的な形状を数分で測定し瞬時にタブレット表示する簡易レーザースキャナー計測，数km離れたのり面の面的な変位状況を数分に1回，mmオーダーの精度で測定できる合成開口レーダ，などの現場適用を開始した．これにより，トンネル切羽や法面の地質状況を詳細かつ定量的に評価した結果と，高精度な当該箇所の変位，掘削形状などとの因果関係をより詳細に検討していく所存である．

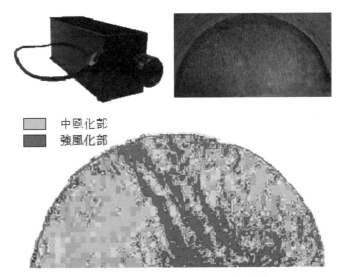

図10.10　マルチスペクトルカメラ地質評価状況

　このような管理体制を構築することにより，あらゆる規模，種類の施工現場において，AIと地質技術者が連動して施工現場の地質状況や施工結果を確認し，構造物の品質確保，工程や工費の最適化，作業員の安全確保，環境への配慮を確実に実施できると考えられる．

■10章　参考文献

1) 土木学会：トンネルの地質調査と岩盤計測, pp.1, 1983.
2) 土木学会：ダムの地質調査, pp.2, 1986.
3) 宇津木慎司, 中谷匡志, 佐々木照夫：地質情報CIM管理システムの構築および施工現場への適用, 土木学会論文集F3（土木情報学）, Vol.72 No.1, pp.24-31, 2016.
4) 日経ビックデータ：グーグルに学ぶディープラーニング, 2017.
5) 中谷匡志, 大沼和弘, 山本浩之, 西川篤哉, 新妻弘明：トンネル掘削発破で発生する弾性波を用いた地山評価手法と切羽前方探査の検討, 土木学会論文集F1（トンネル工学）, Vol.72 No.2, pp.53-66, 2016.
6) 菊地宏吉：地質工学概論, pp.115, 1990.
7) 宇津木慎司, 中谷匡志, 鶴田亮介, 野村貴律：AIを利活用したトンネル切羽地質状況自動評価

システムの構築および施工現場への適用，トンネル工学報告集，第 27 巻，I-25，2017.

8 ）宇津木慎司，中谷匡志，鶴田亮介：AI，CIM，画像処理技術を利活用した建設現場地質情報 ICT 管理システムの構築，日本応用地質学会誌，第 58 巻第 6 号，pp. 408-415，2017.

11章

あとがき

　本書では，AIのインフラ分野への応用の可能性について述べてきた．繰り返しになるが，インフラ分野の直面している問題点，すなわち，労働力不足，熟練工の不足，技術力の継承，生産性の向上という課題を考えると，インフラ分野におけるAIの必要性は高く，その分期待も非常に大きい．本書において，その可能性の一端が示せたものと考えている．

　AIの基礎についても，最近の話題も取り入れて説明したが，その説明が専門色が強く，読者に十分理解されたか少し危惧されるが，最近は多くのAIの入門書が発刊されているので，AIの基礎の詳細については，そちらを参照されたい．

　インフラ分野へのAIの応用の可能性を考えるとき，その有効性について議論しておくことが必要である．前述したように国土交通省が，ICT，IoT，BIM/CIM技術の推進を図っている．特に，i-Constructionの普及には力を入れている．維持管理分野に注目すると，内閣府により5年前に開始された戦略的イノベーション創造プログラム（Cross-ministerial Strategic Innovation Promotion Program：通称SIP）の一環としてインフラ維持管理（正式には，インフラ維持管理・更新・マネジメント技術：プログラムディレクター藤野陽三教授（横浜国大））が採択されているが，このインフラ維持管理プロジェクトで開発された新技術の中にもAI技術は取り込まれている．AI技術を導入することにより，維持管理技術の高度化を図ることが可能である．SIPプログラムの中にAI委員会も設置され，AIの維持管理への応用に関する検討もなされている．さらに最新のより進んだAI技術と組み合わせることにより，さらなる省力化，効率化，経済性の向上が期待でき，真の実用化が達成できると思われる．

　AIの本質を理解しないまま，AIを応用しようとすると，「AIは人間にとって代わるのであろうか」あるいは「AIが進化すると人間を駆逐するのではないか」というような根本的な疑問を持ち続けることになる．この疑問に関連して，シンギュラリティ仮説というものが提唱されている．「シンギュラリティ」とは「特異点」のことである．近年ブームとなっているのは「技術的特異点」と呼ばれるものであり，2045年にはAIは人間を凌駕し，コンピュータがすべての人間を合わせた知能よりも賢くなるとか，テクノロジー開発がAIによって取って代わられるというたぐいの現象が起こるのではないかというものである．このシンギュラリティ仮説は数学者でSF作家のヴァーナー・ヴィンジや，ロボット工学者のハンス・モラベック，発明家で未来学者のレイ・カーツワイルが広めたとされている．

　実際問題として，シンギュラリティが起こるとは思えないが，将来AIの発達により消滅する可能性のある職業として以下のものが考えられる．レジ係や受付係，会計士，セールスマン，車

の運転手，警備員などである．

　ここで，もう一度，本当に AI は人間に代わりうるのかという命題についての議論を紹介しておく．松尾豊（東大准教授）によると，AI は言語の壁は超えられたが，生命の壁は超えられていないといわれている．すなわち，特徴表現獲得の壁が超えられた（AI が自ら特徴を見出せることができるようになった）が，AI が生きた生命である人間の知能でないことから生じる人工知能と自然知能の差が埋まらないと言っている．

　最後に，AI はインフラメンテナンスの切り札となるかという課題解決には有効なデータの獲得が重要であり，さらにデータの前処理が必要である．そして，現在万能のように思われる深層学習の限界を認識しておくことも必要であろう．数学的には，深層学習の基本モデルはニューラルネットワーク内の各層を伝わるデータに 1 回の幾何学的変換を行い，その組み合わせにより各層が連携，連鎖をすることにより，複雑な幾何学的変換を実現している．この変換は各層の重みによってパラメータ化され，この重みはこのネットワークの性能を評価することによって更新される．この操作を行うために必要な高次の空間は，どれだけ多くのデータが収集されても一義的に得ることはできない．このことは深層学習がすべての分野で威力を発揮できるわけではないことを意味している．たとえば，論理的な思考，長期的計画には深層学習はあまり向いていないといわれている．すなわち，深層学習は一種のプログラムと解釈できるが，逆にほとんどのプログラムは深層学習では表現できないことを意味している．厳密にいうと深層学習にはこのような限界は存在するが，対象が非常に複雑ではなく，適切なデータが得られれば，深層学習はそれなりの役に立つ解を提供することができる．もちろん，実用的には，一般化 AI ができれば，AI が我々から仕事を奪い，世界を支配し，技術的失業が起こりうる可能性はあるが，その前に個別AI は人間生活の役に立つと思われる．すなわち，AI はインフラメンテナンスに大きな貢献をすることが期待される．そのためには，人間と機械（AI）の協同が重要であろう．

―― 著 者 紹 介 ――

古田　均（ふるた　ひとし）　大阪市立大学特任教授・関西大学名誉教授
野村　泰稔（のむら　やすとし）　立命館大学理工学部 環境都市工学科 教授
広兼　道幸（ひろかね　みちゆき）　関西大学総合情報学部 教授
一言　正之（ひとこと　まさゆき）　日本工営株式会社 技術本部 先端研究開発センター 研究員
小田　和広（おだ　かずひろ）　大阪産業大学工学部 都市創造工学科 教授
秋山　孝正（あきやま　たかまさ）　関西大学環境都市工学部 都市システム工学科 教授
宇津木　慎司（うつき　しんじ）　UGS 代表

ⓒFuruta, Nomura, Hirokane, Hitokoto, Oda, Akiyama, Utsuki 2019

AIのインフラ分野への応用

2019年 5月15日　　　第1版第1刷発行

著　者　　古　田　　　均
　　　　　野　村　泰　稔
　　　　　広　兼　道　幸
　　　　　一　言　正　之
　　　　　小　田　和　広
　　　　　秋　山　孝　正
　　　　　宇　津　木　慎　司

発 行 者　　田　中　久　喜

発 行 所
株式会社 電 気 書 院
ホームページ　www.denkishoin.co.jp
（振替口座　00190-5-18837）
〒101-0051　東京都千代田区神田神保町1-3 ミヤタビル2F
電話(03)5259-9160／FAX(03)5259-9162

印刷　創栄図書印刷株式会社
Printed in Japan／ISBN978-4-485-30259-0

- 落丁・乱丁の際は，送料弊社負担にてお取り替えいたします.
- 正誤のお問合せにつきましては，書名・版刷を明記の上，編集部宛に郵送・FAX（03-5259-9162）いただくか，当社ホームページの「お問い合わせ」をご利用ください. 電話での質問はお受けできません. また，正誤以外の詳細な解説・受験指導は行っておりません.

JCOPY〈㈳出版者著作権管理機構 委託出版物〉
本書の無断複写（電子化含む）は著作権法上での例外を除き禁じられています. 複写される場合は，そのつど事前に，㈳出版者著作権管理機構（電話：03-5244-5088，FAX：03-5244-5089，e-mail：info@jcopy.or.jp）の許諾を得てください. また本書を代行業者等の第三者に依頼してスキャンやデジタル化することは，たとえ個人や家庭内での利用であっても一切認められません.